Donald E. Knuth

Insel der Zahlen

Eine zahlentheoretische Genesis
im Dialog

V

Friedr. Vieweg & Sohn   Braunschweig / Wiesbaden

CIP-Kurztitelaufnahme der Deutschen Bibliothek

Knuth, Donald E.:
Insel der Zahlen: e. zahlentheoret. Genesis im
Dialog / Donald E. Knuth. [Übers.: Brigitte u.
Karl Kunisch]. — Braunschweig, Wiesbaden:
Vieweg, 1978.
    Einheitssacht.: Surreal numbers ⟨dt.⟩
    ISBN 3-528-08403-0

Dieses Buch ist die deutsche Übersetzung von
Donald E. Knuth
Surreal Numbers
© Addison-Wesley Publishing Company, Inc., Reading, Mass. U.S.A. 1974
Die dt. Ausgabe wird veröffentlicht und weltweit vertrieben mit Erlaubnis der
Addison-Wesley Publishing Company, Inc., der Eigentümerin aller Rechte.
Übersetzer: Brigitte und Karl Kunisch, Graz (Österreich)

1979

Alle Rechte an der deutschen Ausgabe vorbehalten
© Friedr. Vieweg & Sohn Verlagsgesellschaft mbH, Braunschweig 1979

Die Vervielfältigung und Übertragung einzelner Textabschnitte, Zeichnungen oder
Bilder, auch für Zwecke der Unterrichtsgestaltung, gestattet das Urheberrecht nur,
wenn sie mit dem Verlag vorher vereinbart wurden. Im Einzelfall muß über die
Zahlung einer Gebühr für die Nutzung fremden geistigen Eigentums entschieden
werden. Das gilt für die Vervielfältigung durch alle Verfahren, einschließlich Speicherung und jede Übertragung auf Papier, Transparente, Filme, Bänder, Platten
und andere Medien.
Satz: Vieweg, Braunschweig
Umschlaggestaltung: nach einem Entwurf von Jill C. Knuth
Abbildungen: Jill C. Knuth
Druck: E. Hunold, Braunschweig
Buchbinderische Verarbeitung: W. Langelüddecke, Braunschweig
Printed in Germany

ISBN 3-528-08403-0

Inhalt

1 Der Stein 2
2 Symbole 10
3 Beweise 16
4 Schlechte Zahlen 22
5 Fortschritte 30
6 Der dritte Tag 36
7 Entdeckung 44
8 Addition 50
9 Die Antwort 58
10 Sätze 66
11 Der Antrag 74
12 Unheil 78
13 Wiederherstellung 86
14 Das Universum 94
15 Unendlich 102
16 Multiplikation 110

   Nachwort 116

1

1 Der Stein

A. Bill, glaubst du, dich selbst gefunden zu haben?
B. Was?
A. Ich meine — wir sind hier in dieser Ecke des Indischen Ozeans, meilenweit von jeder Zivilisation entfernt. Monate sind nun vergangen, seit wir davonliefen, um nicht im System unterzugehen und um „uns selbst zu finden". Ich überlege gerade, ob du meinst, daß wir das erreicht haben.

B. Komisch, Alice, ich habe auch schon darüber nachgedacht. Diese letzten Monate waren insgesamt wirklich eine tolle Sache — wir sind völlig frei, wir kennen uns gegenseitig und fühlen uns wieder wie richtige Menschen, nicht wie Maschinen. Aber ich fürchte, daß ich in letzter Zeit einige Dinge vermisse, von denen wir „davongelaufen" sind. Weißt du, ich habe ein ungeheures Verlangen, ein Buch zu lesen — *irgendein* Buch, sogar ein Lehrbuch, sogar eins über Mathematik. Es klingt verrückt, aber ich lag hier und wünschte mir ein Kreuzworträtsel, an dem ich arbeiten könnte.

A. Ach komm, nur kein Kreuzworträtsel. Das ist doch genau das, was deine *Eltern* gerne tun. Aber ich weiß, was du meinst, wir brauchen irgendeine geistige Anregung. Es ist so ähnlich wie am Ende der Sommerferien, als wir noch Kinder waren. Jedes Jahr im Juni konnten wir es kaum erwarten, von der Schule wegzukommen, und die Tage bis zum Ferienbeginn zogen sich nur so dahin. Aber im September waren wir alle recht froh, daß die Schule wieder anfing.

B. Mit einem Laib Brot, einem Krug Wein und dir bei mir kann ich natürlich nicht sagen, daß sich diese Tage „dahinziehen". Das Wichtigste vielleicht, was ich auf dieser Reise gelernt habe, ist, daß mir das einfache, romantische Leben nicht genügt. Ich brauche etwas Kompliziertes, worüber ich nachdenken kann.

A. Na gut, es tut mir leid, daß ich nicht kompliziert genug für dich bin. Warum machen wir uns nicht auf und erforschen einen weiteren Teil des Strandes? Vielleicht finden wir einige Kieselsteine oder etwas Anderes, aus dem wir ein Spiel machen können.

B. (setzt sich auf) Ja, das ist eine gute Idee. Aber zuerst werde ich noch kurz schwimmen gehen.

A. (läuft zum Wasser) Ich auch — wetten du kannst mich nicht fangen!

B. He, was ist das für ein großer schwarzer Stein, der dort drüben halb im Sand vergraben ist?

A. Frag mich doch nicht, ich habe nie zuvor etwas Ähnliches gesehen. Schau, er hat eine Art Inschrift auf der Rückseite.

B. Sehen wir mal nach. Kannst du mir beim Ausgraben helfen? Er sieht aus wie ein Stück aus einem Museum. Uuh! Schwer ist er auch. Die Inschrift könnte eine alte arabische Schrift sein ... nein, warte, ich glaube es ist vielleicht Hebräisch. Drehen wir ihn anders herum.

A. Hebräisch! Bist du sicher?

B. Na ja, ich habe ziemlich viel Hebräisch gelernt, als ich jünger war, und ich kann das hier fast lesen ...

A. Ich habe gehört, daß es in diesem Teil der Welt nicht viele archäologische Ausgrabungen gegeben hat. Vielleicht haben wir einen zweiten Stein von Rosette gefunden. Was bedeutet die Inschrift, kannst du irgend etwas herausfinden?

B. Moment mal, gib ... Hier oben ist der Anfang, ungefähr so „Am Anfang war alles leer und ..."

A. Unglaublich! Das klingt ja wie das erste Buch Mose in der Bibel. Ist er nicht vierzig Jahre mit seinen Anhängern in Arabien herumgezogen, bevor er nach Israel ging? Du glaubst doch nicht etwa ...

B. Aber nein, es geht ganz anders weiter als in der überlieferten Geschichte. Schleppen wir den Stein in unser Lager zurück; ich glaube, daß ich eine Übersetzung zusammenbringen kann.

A. Bill, das ist toll, gerade das, was du gebraucht hast!

B. Ja, ich habe tatsächlich gesagt, daß ich unbedingt etwas zum Lesen haben will, nicht wahr! Obwohl es nicht genau das ist, was ich mir vorgestellt habe. Ich kann es kaum erwarten, den Stein genauer anzuschauen — einige Dinge verstehe ich noch nicht und ich kann nicht herausfinden, ob es eine Geschichte ist oder sonst etwas. Es kommt da etwas über Zahlen vor ...

A. Der Stein scheint am unteren Ende abgebrochen zu sein. Ursprünglich war er länger.

B. Das ist gut, sonst könnten wir ihn ja niemals tragen. Aber warte nur, die Botschaft wird gerade dann interessant werden, wenn wir zu der Stelle kommen, wo er abgebrochen ist.

A. Da haben wir es. Ich werde einige Datteln pflücken und Obst fürs Abendessen holen, während du an der Übersetzung arbeitest. Schade, daß ich gerade in Sprachen nichts tauge, sonst würde ich versuchen, dir zu helfen.

....

B. Du, Alice, ich bin so weit. Zwar gibt es noch einige Zweifel, ein paar Zeichen, die ich nicht verstehe, vielleicht ausgestorbene Wortformen, weißt du; im großen und ganzen weiß ich, was es heißt, obwohl mir nicht immer klar ist, was es bedeutet. Hier ist eine ziemlich wortwörtliche Übersetzung:

> Am Anfang war alles leer und J. H. W. H. Conway begann, Zahlen zu erschaffen. Conway sagte: „Es gebe zwei Regeln, durch die alle Zahlen, ob groß oder klein, entstehen. Dieses sei die erste Regel: jeder Zahl sollen zwei Mengen vorher erschaffener Zahlen so entsprechen, daß kein Element der linken Menge größer oder gleich irgendeinem Element

der rechten Menge sei. Und die zweite Regel sei folgende: eine Zahl sei kleiner oder gleich einer anderen Zahl genau dann, wenn kein Element der linken Menge der ersten Zahl größer oder gleich der zweiten Zahl ist und wenn kein Element der rechten Menge der zweiten Zahl kleiner oder gleich der ersten Zahl ist." Und Conway prüfte die zwei Regeln, die er geschaffen hatte und siehe — er befand sie für gut.

Und die erste Zahl wurde erschaffen aus der leeren linken und aus der leeren rechten Menge. Conway nannte diese Zahl „null" und sagte, sie sollte dazu dienen, positive von negativen Zahlen zu trennen. Conway bewies, daß null kleiner oder gleich null war und er sah, daß es gut war. Und der Abend und der Morgen waren der Tag der Null. Am nächsten Tag schuf er zwei weitere Zahlen; die eine hatte null als linke Menge, die andere hatte null als rechte Menge. Und Conway nannte die erste Zahl „eins" und die zweite „minus eins". Und er bewies, daß minus eins kleiner, aber nicht gleich null ist und daß null kleiner, aber nicht gleich eins ist. Und der Abend ...

Und hier ist es aus.

A. Bist du *sicher*, daß es so zu lesen ist?

B. Mehr oder weniger, ja. Natürlich habe ich es ein bißchen zurechtgerichtet.

A. Aber „Conway" ... das ist kein hebräischer Name. Machst du dich über mich lustig?

B. Nein, ehrlich. Die alte hebräische Schrift kennt keine Vokale, daher ist der wirkliche Name vielleicht Kienawu oder so ähnlich; vielleicht hängt er auch mit Khan zusammen? Ich glaube doch nicht. Da ich ins Englische übersetze, verwende ich eben einen englischen Namen. Schau, hier sind die Stellen, wo er am Stein vorkommt. J. H. W. H. könnte auch für „Jehovah" stehen.

A. Keine Vokale, hmm? Es ist also echt ... Aber, was glaubst du, bedeutet es?

B. Deine Vermutungen sind genau so gut wie meine! Zwei verrückte Regeln für Zahlen. Vielleicht ist es eine alte, arithmetische Methode, die überholt ist, seit das Rad erfunden wurde. Es könnte ganz lustig sein, das herauszufinden — aber morgen. Die Sonne geht ziemlich schnell unter, und so sollten wir essen und uns fertig machen.

A. In Ordnung, aber lies es mir zuerst noch einmal vor. Ich möchte es überdenken und beim ersten Mal glaubte ich nicht, daß du es ernst meintest.

B. (mitzeigend) „Am Anfang ..."

2

2 Symbole

A. Ich glaube, daß dein Conwaystein doch sinnvoll ist, Bill. Ich habe letzte Nacht darüber nachgedacht.
B. Das hab ich auch, aber ich bin eingeschlafen, bevor ich zu irgend etwas kam. Was steckt dahinter?
A. Es ist eigentlich gar nicht so schwierig. Das Problem ist, daß alles in Worten ausgedrückt ist. Man kann dasselbe mit Symbolen ausdrücken und sehen, was dann passiert.

B. Du glaubst, daß wir wirklich die Neue Mathematik verwenden werden, um diesen alten Stein zu entziffern?

A. Ich geb es nicht gerne zu, aber es sieht so aus. Also, die erste Regel besagt, daß jede Zahl x eigentlich ein Paar von Mengen ist, genannt die linke Menge x_L und die rechte Menge x_R:

$$x = (x_L, x_R).$$

B. Wart eine Sekunde, du brauchst nicht im Sand zu schreiben. Ich denke, wir haben noch einen Bleistift und etwas Papier in meinem Rucksack. Eine Minute ... Hier, nimm das.

A. $x = (x_L, x_R)$
Diese x_L und x_R sind nicht nur Zahlen, sie sind Zahlen*mengen,* und jede Zahl in der Menge ist selbst ein Paar von Mengen usw.

B. Hör auf, deine Schreibweise verwirrt mich. Ich weiß gar nicht, was eine Menge und was eine Zahl ist.

A. In Ordnung, ich werde für Zahlenmengen Großbuchstaben und für Zahlen Kleinbuchstaben verwenden. Conways erste Regel lautet dann

$$x = (X_L, X_R), \quad \text{wobei} \quad X_L \not\geq X_R. \qquad (1)$$

Das bedeutet, falls x_L irgendeine Zahl in X_L und x_R irgendeine Zahl in X_R ist, muß $x_L \not\geq x_R$ gelten. Und das bedeutet wiederum, daß x_L nicht größer oder gleich x_R ist.

B. (kratzt sich am Kopf) Ich fürchte, du bist immer noch zu schnell für mich. Vergiß nicht, du hast diese Sache schon durchschaut, während ich erst damit beginne. Wenn eine Zahl ein Paar von Zahlenmengen ist, von denen jede wieder ein Paar von Zahlenmengen ist usw. usw., wo fängt denn das ganze Ding eigentlich an?

A. Pluspunkt für dich; aber das ist ja gerade das Schöne an Conways System. Jedes Element von X_L und X_R muß vorher erschaffen worden sein, aber am ersten der Schöpfung gab es keine vorher erschaffenen Zahlen, die man verwenden konnte; daher nahm man sowohl für X_L als auch für X_R die leere Menge!

B. Ich habe nie geglaubt, den Tag zu erleben, an dem sich die leere Menge als sinnvoll erweist. Das heißt doch, etwas aus nichts zu schaffen? Aber ist denn $X_L \not\geq X_R$, wenn X_L und X_R beide gleich der leeren Menge sind?
Oh ja, ja, das stimmt, weil es bedeutet, daß kein Element der leeren Menge größer oder gleich irgendeinem anderen Element der leeren Menge ist — das ist eine wahre Aussage, weil es in der leeren Menge *keine* Elemente *gibt*.

A. So fängt alles ganz richtig an und ergibt die Zahl, die null genannt wird. Wenn wir das Symbol ∅ für die leere Menge verwenden, können wir schreiben

$$0 = (\emptyset, \emptyset).$$

B. Unglaublich.

A. Am zweiten Tag nun, können wir null in der linken oder in der rechten Menge verwenden, und so erhält Conway zwei weitere Zahlen

$$-1 = (\emptyset, \{0\}) \quad \text{und} \quad 1 = (\{0\}, \emptyset).$$

B. Laß mich sehen, stimmt das auch? Damit -1 eine Zahl ist, muß wahr sein, daß kein Element der leeren Menge größer oder gleich null ist. Und für 1 muß gelten, daß null nicht größer als irgendein Element der leeren Menge ist. Mensch, die leere Menge schafft es! Eines Tages werde ich noch ein Buch schreiben: *Die Eigenschaften der leeren Menge*.

A. Du würdest es niemals beenden.
Falls X_L oder X_R leer ist, ist die Bedingung $X_L \not\geq X_R$ erfüllt, egal, was in der anderen Menge ist. Das bedeutet, daß man unendlich viele Zahlen wird erschaffen können.

B. Gut, aber wie steht es mit Conways zweiter Regel?

A. Die verwendest du, um zu entscheiden, ob $X_L \not\geq X_R$ ist, falls beide Mengen nichtleer sind; diese Regel definiert kleiner-oder-gleich. In Symbolen

$$x \leq y \quad \text{bedeutet} \quad X_L \not\geq y \quad \text{und} \quad x \not\geq Y_R. \qquad (2)$$

B. Wart einen Augenblick, du bist mir schon wieder weit voraus. Schau, X_L ist eine Zahlenmenge und y ist eine Zahl, was ein Paar von Zahlenmengen bedeutet. Was meinst du, wenn du $X_L \not\geq y$ schreibst?

A. Ich meine, daß jedes Element von X_L die Beziehung $X_L \not\geq y$ erfüllt. In anderen Worten, kein Element von X_L ist größer oder gleich y.

B. Ah, ich verstehe, und Regel (2) besagt auch, daß x nicht größer oder gleich irgendeinem Element von Y_R ist. Laß mich das am Text nachprüfen ...

A. Die Version des Steines ist ein wenig anders, aber $x \leq y$ muß dasselbe bedeuten wie $y \geq x$.

B. Ja, du hast recht. Aber wart ein wenig, schau dir diese Zeichen hier an der Seite an:

$$\bullet = \langle : \rangle$$
$$\mathbf{l} = \langle \bullet : \rangle$$
$$\mathbf{-} = \langle : \bullet \rangle$$

Es sind die Symbole, die ich gestern nicht entziffern konnte, und deine Schreibweise macht alles sonnenklar! Jene Doppelpunkte trennen die linken von den rechten Mengen. Du mußt auf der richtigen Spur sein.

A. Unglaublich, gleiche Zeichen — und überhaupt! Der Steinmetz aus der Vorzeit muß ▬ für −1 verwendet haben; mir gefällt seine Schreibweise fast besser als meine.

B. Ich wette, daß wir die Steinzeitmenschen unterschätzt haben. Sie hatten sicher ein komplexes Leben und ein Bedürfnis nach geistigem Training, genau so wie wir — auf jeden Fall dann, wann sie nicht gerade um Nahrung oder Obdach kämpfen mußten. Wenn wir zurückblicken, simplifizieren wir die Geschichte immer zu sehr.

A. Ja, aber wie könnten wir sonst überhaupt zurückblicken?

B. Ich verstehe, was du meinst.

A. Nun kommt der Teil des Textes, den ich nicht verstehe. Am ersten Tag der Schöpfung „beweist" Conway $0 \leqslant 0$. Warum sollte er sich die Mühe nehmen zu beweisen, daß etwas kleiner oder gleich zu sich selbst ist, wo es doch offensichtlich gleich sich selbst ist. Und am zweiten Tag „beweist" er dann, daß -1 nicht gleich 0 ist; ist das nicht auch ohne Beweis offensichtlich, da -1 doch eine andere Zahl ist?

B. Hmm. Ich weiß nicht, wie's mit dir steht, aber ich möchte wieder schwimmen gehen.

A. Eine gute Idee. Die Brandung ist ruhig und ich bin nicht mehr an so viel Konzentration gewöhnt. Los!

3 Beweise

B. Während wir draußen mit dem Boot herumfuhren, hatte ich eine Idee. Vielleicht *ist* meine Übersetzung *nicht* richtig.

A. Was? Sie *muß* richtig sein; wir haben doch schon so viel nachgeprüft.

B. Ich weiß; aber wenn ich zurückdenke, war ich mir bei dem Wort nicht ganz sicher, das ich mit „gleich" übersetzt habe. Vielleicht hat es eine etwas schwächere Bedeutung wie „ähnlich" oder „gleichartig". Conways zweite Regel lautet dann „Eine Zahl ist kleiner als oder gleichartig zu einer anderen Zahl genau dann ...". Und später beweist er, daß null kleiner oder gleichartig zu null ist, minus eins kleiner als, aber nicht gleichartig zu null usw.

A. Ja richtig, so wird es sein; er verwendet das Wort in einer abstrakten, technischen Bedeutung, die durch die Regeln definiert ist. *Natürlich* will er dann beweisen, daß nach dieser Definition eine Zahl gleichartig zu sich selbst ist.

B. Kommt er mit seinem Beweis zu Ende? Nach Regel (2) muß er zeigen, daß kein Element der leeren Menge größer als oder gleichartig zu 0 ist und daß 0 nicht größer als oder gleichartig zu irgendeinem Element der leeren Menge ist ... In Ordnung, das stimmt, die leere Menge triumphiert wieder einmal.

A. Viel interessanter ist, wie er beweisen konnte, daß -1 nicht gleichartig zu 0 ist. Der einzige Weg, den ich mir vorstellen kann, ist folgender: er bewies, daß 0 nicht kleiner-als-oder-gleichartig-zu -1 ist. Wir haben ja Regel (2), um zu entscheiden, ob eine Zahl kleiner als oder gleichartig zu einer anderen ist; und falls x nicht kleiner-als-oder-gleichartig-zu y ist, dann ist es nicht kleiner als y und nicht gleichartig zu y.

B. Ich verstehe; wir wollen zeigen, daß $0 \leqslant -1$ falsch ist. Dies ist Regel (2) mit $x = 0$ und $Y_R = \{0\}$, so daß $0 \leqslant -1$ genau dann, wenn $0 \ngeqslant 0$. Aber 0 *ist* $\geqslant 0$, wie wir wissen, daher $0 \nleqslant -1$. Er hatte recht.

A. Ich frage mich, ob Conway auch -1 gegen 1 ausprobierte. Ich vermute, er hat es getan, obwohl der Stein nichts darüber sagt. Falls die Regeln etwas wert sind, sollte es möglich sein zu beweisen, daß -1 kleiner als 1 ist.

B. Na gut, sehen wir mal: -1 ist $(\emptyset, \{0\})$ und 1 ist $(\{0\}, \emptyset)$; so ist wiederum wegen der leeren Menge $-1 \leqslant 1$ nach Regel (2). Andererseits bedeutet $1 \leqslant -1$ dasselbe wie $0 \not\geqslant -1$ und $1 \not\geqslant 0$, nach Regel (2); aber wir wissen, daß beides falsch ist und deshalb gilt $1 \not\leqslant -1$, und daher muß $-1 \leqslant 1$ sein. Conways Regeln scheinen zu stimmen.

A. Ja, aber bis jetzt haben wir die leere Menge in fast jedem Beweisschritt verwendet, so daß die vollen Implikationen der Regeln noch nicht klar sind. Hast du bemerkt, daß fast alles, was wir bisher bewiesen haben, in dieses Schema paßt: „Falls X und Y irgendwelche Zahlenmengen sind, dann sind $x = (\emptyset, X)$ und $y = (Y, \emptyset)$ Zahlen und es gilt $x \leqslant y$."

B. Das gefällt mir, wie du gerade unendlich viele Dinge bewiesen hast, indem du ein Muster angeschaut hast, das ich nur in einigen Fällen benützt habe. Ob das wohl das ist, was man Abstraktion oder Verallgemeinerung oder so ähnlich nennt. Aber kannst du auch beweisen, daß dein x immer echt kleiner als y ist? Das hat in allen einfachen Fällen gestimmt, und ich wette, es stimmt allgemein.

A. Uh huh ... Nein, es stimmt nicht, wenn X und Y beide leer sind, denn das würde bedeuten $0 \not\geqslant 0$. Aber sonst sieht es sehr interessant aus. Betrachten wir den Fall, das X die leere Menge ist und Y nicht leer ist; ist 0 kleiner als $(Y, \emptyset)$?

B. Falls dies stimmt, würde ich $(Y, \emptyset)$ eine „positive" Zahl nennen. Das muß Conway gemeint haben, als er sagte, null trennt die positiven und die negativen Zahlen.

A. Ja, aber schau doch. Nach Regel (2) gilt $(Y, \emptyset) \leq 0$ genau dann, wenn kein Element von Y größer als oder gleichwertig zu 0 ist. Falls zum Beispiel Y die Menge $\{-1\}$ ist, dann gilt $(Y, \emptyset) \leq 0$. Willst du, daß die positiven Zahlen ≤ 0 sind? Zu schade, daß ich dich mit dieser Wette nicht beim Wort genommen habe.

B. Hmm. Du meinst $(Y, \emptyset)$ wird nur dann eine positive Zahl sein, wenn Y eine Zahl enthält, die null oder größer ist. Ich vermute, du hast recht. Aber nun verstehen wir wenigstens alles, was auf dem Stein ist.

A. Alles bis dorthin, wo er abgebrochen ist.

B. Du glaubst ...?

A. Ich frage mich, was am *dritten* Tag geschah.

B. Ja, es sollte uns möglich sein, das herauszufinden, da wir jetzt die Regeln kennen. Es könnte recht lustig sein, nach dem Mittagessen den dritten Tag auszuarbeiten.

A. Du solltest besser fischen gehen; unser Vorrat an Trockenfleisch wird schon recht klein. Ich versuche, einige Kokosnüsse zu finden.

4

4 Schlechte Zahlen

B. Ich habe mich mit dem Problem des dritten Tages beschäftigt und ich fürchte es wird ziemlich schwierig werden. Wenn mehr und mehr Zahlen erschaffen worden sind, steigt die Anzahl der möglichen Mengen schnell. Ich wette, daß Conway am siebten Tag einen Ruhetag benötigte.

A. Sehr richtig. Ich habe mich auch damit beschäftigt und ich erhielt am dritten Tag siebzehn Zahlen.

B. Wirklich? Ich habe neunzehn gefunden; du mußt zwei ausgelassen haben. Hier ist meine Liste.

⟨:⟩ ⟨−:⟩ ⟨●:⟩ ⟨∣:⟩ ⟨−●:⟩ ⟨−∣:⟩ ⟨●∣:⟩
⟨−●∣:⟩ ⟨:−⟩ ⟨:●⟩ ⟨:∣⟩ ⟨:−●⟩ ⟨:−∣⟩
⟨:●∣⟩ ⟨:−●∣⟩ ⟨−:●⟩ ⟨●:∣⟩ ⟨−●:∣⟩ ⟨−:●∣⟩

A. Ich sehe, du benützt die Schreibweise des Steines. Aber warum hat du ⟨:⟩ dazugenommen; das ist ja schon am ersten Tag erschaffen worden.

B. Na gut, aber wir müssen doch die neuen Zahlen mit den alten überprüfen um zu sehen, ob sie dazupassen.

A. Aber ich habe in meiner Liste von siebzehn nur neue Zahlen in Betracht gezogen, daher muß es am Ende des dritten Tages tatsächlich *zwanzig* geben. Schau, du hast

⟨−:∣⟩

in deiner Liste vergessen.

B. (blinzelt) Das hab ich. Hmm ... 20 mal 20, das ergibt 400 verschiedene Fälle, die wir in Regel (2) zu betrachten haben. Aber es gibt keine andere Möglichkeit, und ich weiß, daß ich keine Ruhe finden werde, bis ich die Antwort weiß.

A. Vielleicht finden wir, sobald wir angefangen haben, einen Weg, die Arbeit zu vereinfachen.

B. Ja, das wäre schön ...
Gut, ein Ergebnis habe ich; 1 ist kleiner als ({1}, ∅). Zuerst mußte ich zeigen, daß $0 \not\geq$ ({1}, ∅) gilt.

A. Ich habe einen anderen Zugang ausprobiert. Regel (2) sagt, wir müssen jedes Element von X_L überprüfen um zu sehen, ob es nicht größer als oder gleichartig zu y ist; aber es sollte nicht nötig sein, jeden einzelnen Fall durchzuprobieren. Falls für jedes Element von X_L gilt, daß es $\geqslant y$ ist, dann muß es auch für das *größte* Element richtig sein. In ähnlicher Weise müssen wir x nur mit dem *kleinsten* Element von Y_R vergleichen.

B. Ja, das müßte eigentlich richtig sein ... Ich kann beweisen, daß 1 kleiner als $(\{0, 1\}, \emptyset)$ ist, genauso wie ich bewiesen habe, daß es kleiner als $(\{1\}, \emptyset)$ ist; die extra „0" scheint keinen Unterschied zu machen.

A. Falls das, was ich gesagt habe, stimmt, werden wir uns viel Mühe ersparen, weil jede Zahl (X_L, X_R) sich in allen $\leqslant$ Relationen verhalten wird, als wäre X_L durch sein größtes und X_R durch sein kleinstes Element ersetzt. Wir werden keine Zahlen zu betrachten haben, in denen X_L oder X_R mehr als zwei Elemente hat; zehn von den zwanzig Zahlen der Liste fallen nun schon weg!

B. Ich bin nicht ganz sicher, ob ich dir folgen kann, aber wie um alles in der Welt wollen wir so eine Sache beweisen?

A. Was wir brauchen, lautet so ähnlich:

$$\text{falls} \quad x \leqslant y \quad \text{und} \quad y \leqslant z, \quad \text{dann folgt} \quad x \leqslant z. \quad \text{(T1)}$$

Ich sehe nicht, ob das direkt folgt, obwohl es mit allem, was wir bisher wissen, vereinbar ist.

B. Es sollte auf jeden Fall stimmen, falls Conways Zahlen nur irgendwie vernünftig sind. Wir könnten einfach weitergehen und es als richtig annehmen, aber es wäre doch nett, es ein für alle Mal nur unter Verwendung von Conways Regeln zu zeigen.

A. Ja, und wir könnten das Problem des dritten Tages lösen, ohne viel Arbeit zu haben. Laß sehen, wie man es beweisen kann...

B. Zum Teufel mit diesen Fliegen! Gerade wenn ich versuche, mich zu konzentrieren. Alice, kannst du — nein, ich glaube ich werde einen kleinen Spaziergang machen.

....

Irgendein Fortschritt?

A. Nein, es scheint, ich gehe im Kreis, und die $\not\geqslant$ im Gegensatz zu den $\leqslant$ sind verwirrend. Alles ist negativ ausgesagt und die Dinge werden furchtbar unübersichtlich.

B. Vielleicht ist (T1) nicht richtig.

A. Aber es *muß* wahr sein. Warte mal, das ist's! Wir werden versuchen, es zu widerlegen. Und wenn es nicht gelingt, so wird die Tatsache unseres Versagens ein Beweis sein!

B. Klingt gut — es ist immer leichter zu beweisen, daß etwas falsch ist, als daß etwas richtig ist.

A. Angenommen wir haben drei Zahlen x, y und z, mit

$x \leqslant y$, $y \leqslant z$ und $x \not\leqslant z$.

Was sagt Regel (2) über „schlechte Zahlen" wie diese aus?

B. Sie besagt daß

$$X_L \not\geqslant y$$
und $\quad x \not\geqslant Y_R$
und $\quad Y_L \not\geqslant z$
und $\quad y \not\geqslant Z_R$

und dann auch $x \not\leqslant z$; und was bedeutet das nun?

A. Es bedeutet, daß eine der zwei Bedingungen versagt. Entweder gibt es eine Zahl x_L in X_L für die $x_L \geqslant z$ ist, oder es gibt eine Zahl z_R in Z_R, für die $x \geqslant z_R$ ist. Mit all diesen Tatsachen, die wir von x, y und z kennen, sollten wir in der Lage sein, irgend etwas zu beweisen.

B. Na gut, da x_L in X_L liegt, kann es nicht größer oder gleich y sein. Nehmen wir an, es sei kleiner als y. Aber es ist $y \leq z$, daher muß x_L ... nein, entschuldige. Ich kann ja keine Aussagen über Zahlen benützen, die wir nicht bewiesen haben. Gehen wir den anderen Weg. Wir wissen, daß $y \leq z$ und $z \leq x_L$ und $y \not\leq x_L$ ist; dies ergibt drei weitere schlechte Zahlen und wir erhalten wiederum neue Aussagen. Aber es schaut hoffnungslos kompliziert aus.

A. Bill! Du hast es.

B. Hab ich?

A. Falls (x, y, z) drei schlechte Zahlen sind, gibt es zwei Möglichkeiten.

Fall 1: ein $x_L \geq z$, dann sind (y, z, x_L) drei weitere schlechte Zahlen.

Fall 2: ein $z_R \leq x$, dann sind (z_R, x, y) drei weitere schlechte Zahlen.

B. Aber gehst du nicht weiterhin im Kreis? Es gibt an jeder Stelle immer mehr schlechte Zahlen.

A. Nein, in jedem Fall sind die neuen schlechten Zahlen *einfacher* als die ursprünglichen; eine von ihnen ist früher erschaffen worden. Wir können immer weitergehen und frühere und frühere Mengen schlechter Zahlen finden, so daß es überhaupt keine schlechten Mengen geben kann!

B. (strahlt) Oho! Du sagst eigentlich folgendes: jede Zahl x wurde an einem Tag $d(x)$ erschaffen. Falls es drei schlechte Zahlen (x, y, z) gibt, für die die Summe ihrer Schöpfungstage $d(x) + d(y) + d(z) = n$ ist, dann trifft einer von deinen beiden Fällen zu und ergibt drei schlechte

Zahlen, deren Tagessumme kleiner als n ist. Diese wiederum werden eine Menge hervorbringen, deren Tagessumme noch kleiner ist usw. Dies ist aber unmöglich, da es keine drei Zahlen gibt, deren Tagessumme kleiner als drei ist.

A. Richtig, die Summe der Schöpfungstage ist eine gute Art, den Beweis zu formulieren. Falls es keine drei schlechten Zahlen *(x, y, z)* gibt, deren Tagessumme kleiner als n ist, zeigen die zwei Fälle, daß es keine gibt, deren Tagessumme gleich n ist. Ich glaube, das ist ein Beweis durch Induktion nach den Tagessummen.

B. Du und deine ausgefallenen Bezeichnungen. Die *Idee* zählt.

A. Das stimmt, aber wir brauchen einen Namen für die Idee, damit wir sie beim nächsten Mal leichter anwenden können.

B. Ja, ich glaube, es wird ein anderes Mal geben ...
In Ordnung, ich denke es gibt keinen Grund mehr für mich, weiterhin den Jargon der Neuen Mathematik abzulehnen. Du weißt es und ich weiß es; wir haben gerade das *Transitivgesetz* bewiesen.

A. (seufzt) Nicht schlecht für zwei Amateurmathematiker.

B. Eigentlich hast du es gemacht. Ich verkünde hiermit, daß das Transitivgesetz (T1) von nun an als das Theorem von Alice bekannt sein soll.

A. Ach laß das. Ich bin sicher, Conway hat es viel früher entdeckt.

B. Macht das deine Bemühungen etwa weniger kreativ? Ich wette, jeder große Mathematiker hat damit angefangen, einen Haufen „wohlbekannter" Ergebnisse wiederzuentdecken.

A. Mensch! Lassen wir uns nicht von Träumen über Größe hinreißen! Wir wollen doch nur Spaß dabei haben.

5

5 Fortschritte

B. Ich hatte gerade eine Idee. Kann es zwei Zahlen geben, die zueinander überhaupt keine Beziehung haben? Ich meine

$$x \nleq y \quad \text{und} \quad y \nleq x,$$

so als wäre eine unsichtbar oder in einer anderen Dimension oder so ähnlich. Das dürfte es nicht geben, aber wie können wir es beweisen?

A. Ich vermute, wir könnten dieselbe Methode versuchen, die sich schon früher bewährt hat. Falls x und y schlechte Zahlen in diesem Sinn sind, dann gibt es entweder ein $x_L \geqslant y$ oder eine $x \geqslant y_R$ für ein y_R.

B. Hmm. Nehmen wir $y \leqslant x_L$ an. Falls dann $x_L \leqslant x$ gilt, hätten wir nach dem Transitivgesetz $y \leqslant x$; wir haben jedoch angenommen, daß $y \not\leqslant x$ ist. Daher ist $x_L \not\leqslant x$. Im anderen Fall, $y_R \leqslant x$, würde ein gleichartiger Schluß zeigen, daß $y \not\leqslant y_R$ ist.

A. He, das ist sehr schlau! Um zu zeigen, daß so eine Sache nicht vorkommen kann, müssen wir nur etwas beweisen, was ich schon lange vermutet habe: jede Zahl x muß zwischen all den Elementen ihrer Mengen X_L und X_R liegen. Das heißt,

$$X_L \leqslant x \quad \text{und} \quad x \leqslant X_R. \tag{T2}$$

B. Das zu beweisen sollte nicht schwer sein. Was besagt $x_L \not\leqslant x$?

A. Entweder gibt es eine Zahl x_{LL} in X_{LL} mit $x_{LL} \geqslant x$, oder eine Zahl x_R in X_R mit $x_L \geqslant x_R$. Aber der zweite Fall kann nach Regel (1) nicht eintreten.

B. Ich *wußte*, daß wir früher oder später Regel (1) verwenden würden. Aber was sollen wir mit x_{LL} machen? Ich mag doppelte Indizes nicht.

A. Na ja, x_{LL} ist ein Element der linken Menge von x_L. Da x_L früher erschaffen worden ist als x, können wir wenigstens nach Induktion annehmen, daß $x_{LL} \leqslant x_L$ ist.

B. Mach weiter.

A. Sieh mal, $x_{LL} \leqslant x_L$ bedeutet $x_{LLL} \not\geqslant x_L$ und ...

B. (unterbricht) Ich will das gar nicht sehen, deine Indizes werden immer ärger.

A. Du bist wirklich eine große Hilfe.

B. Schau doch, ich helfe dir *wirklich;* ich rate dir, dich von diesen unangenehmen Indizes fern zu halten.

A. Aber ich... In Ordnung, du hast recht, entschuldige, daß ich mich auf so einen dummen Nebenweg verloren habe. Wir haben $x \leqslant x_{LL}$ und $x_{LL} \leqslant x_L$, daher nach dem Transitivgesetz $x \leqslant x_L$. Vielleicht hilft das, so daß wir keine zusätzlichen Indizes brauchen.

B. Ah, das reicht. Es kann nicht $x \leqslant x_L$ gelten, denn das würde $X_L \not\geqslant x_L$ bedeuten, was unmöglich ist, da x_L ein Element von X_L ist.

A. Gut beobachtet, aber wie weißt du, daß $x_L \leqslant x_L$ ist?

B. Was? Du meinst, daß wir so weit gekommen sind und noch nicht einmal bewiesen haben, daß eine Zahl gleichartig zu sich selbst ist? Unglaublich... da muß es doch einen einfachen Beweis geben.

A. Vielleicht siehst du ihn; ich glaube nicht, daß er so offensichtlich ist. Versuchen wir auf jeden Fall,

$$x \leqslant x \qquad (T3)$$

zu beweisen. Das bedeutet, daß $X_L \not\geqslant x$ und $x \not\geqslant X_R$ ist.

B. Es gleicht (T2) in auffälliger Weise. Aber oje, jetzt haben wir wieder das gleiche Problem, nämlich zu zeigen, daß $x \leqslant x_L$ unmöglich ist.

A. Dieses Mal geht's aber, Bill. $x \leqslant x_L$ impliziert nach deinen Schlußfolgerungen $x_L \not\geqslant x_L$, was nach Induktion unmöglich ist.

B. Wunderbar! Das bedeutet, daß (T3) richtig ist, und so ordnet sich alles schön ein. Wir haben die „$X_L \leqslant x$" Hälfte von (T3) bewiesen, und die andere Hälfte muß nach demselben Schluß folgen, wenn man überall links und rechts vertauscht.

A. Und wie wir vorher gesagt haben, genügt (T2), um zu beweisen, daß es zwischen allen Zahlen eine Beziehung gibt; in anderen Worten

   falls $x \not\leqslant y$, dann ist $y \leqslant x$.

B. Richtig. Schau, wir müssen uns nicht mehr plagen, die Dinge indirekt zu sagen, da „$x \not\geqslant y$" genau dasselbe bedeutet wie „x ist kleiner als y".

A. Ich verstehe, es ist dasselbe wie „x ist kleiner als oder gleichartig zu y, aber nicht gleichartig zu y". Wir können nun

   $x < y$

   anstelle von $x \not\geqslant y$ schreiben, und die ursprünglichen Regeln (1) und (2) sehen viel freundlicher aus. Ich frage mich, warum Conway die Dinge nicht auf diese Art definiert hat? Vielleicht deshalb, weil man eine dritte Regel brauchen würde um zu definieren, was „kleiner als" bedeutet, und er wahrscheinlich die Anzahl der Regeln so klein wie möglich halten wollte.

B. Ich frage mich, ob es möglich ist, zwei verschiedene Zahlen zu finden, die zueinander gleichartig sind. Ich meine, kann sowohl $x \leqslant y$ und $x \geqslant y$ gelten, wenn X_L nicht die gleiche Menge wie Y_L ist?

A. Sicher. Wir haben dies vor dem Mittagessen gesehen. Erinnerst du dich nicht? Wir fanden heraus, daß $0 \leqslant y$ und $y \leqslant 0$ ist, falls $y = (\{-1\}, \emptyset)$ ist. Und ich glaube es wird sich herausstellen, daß $(\{0, 1\}, \emptyset)$ und $(\{1\}, \emptyset)$ gleichartig sind.

B. Du hast recht. Falls gilt $x \leqslant y$ und $x \geqslant y$, dann sind x und y für alle praktischen Zwecke effektiv gleich, da das Transitivgesetz besagt, daß x dann und nur dann $\leqslant z$ ist, falls $y \leqslant z$. Sie sind austauschbar.

A. Und noch etwas; wir haben auch zwei weitere Transitivgesetze erhalten. Ich meine

$$\text{falls } x < y \text{ und } y \leqslant z, \quad \text{dann folgt} \quad x < z; \quad \text{(T5)}$$
$$\text{falls } x \leqslant y \text{ und } y < z, \quad \text{dann folgt} \quad x < z \quad \text{(T6)}$$

B. Sehr schön — diese beiden folgen tatsächlich direkt aus (T1), falls wir beachten, daß „$x < y$" zu „$x \not\geqslant y$" äquivalent ist. Man braucht (T2), (T3) oder (T4) in den Beweisen von (T5) und (T6) gar nicht zu benützen.

A. Weißt du, wenn wir alles so anschauen, was wir bewiesen haben, ist es wirklich ganz schön. Es ist erstaunlich, daß Conways zwei Gesetze so viel beinhalten.

B. Alice, ich sehe dich heute von einer neuen Seite. Du machst wirklich Schluß mit dem Märchen, daß Frauen nicht Mathematik betreiben können.

A. Ach, danke, galanter Ritter.

B. Ich weiß, daß es verrückt klingt, aber wenn ich mit dir an diesem schöpferischen Zeug arbeite, fühle ich mich ganz aufgewühlt! Man würde denken, daß so viel gedankliche Arbeit jedes physische Verlangen zunichte macht, aber ehrlich — ich habe mich schon lange nicht mehr so gefühlt.

A. Um die Wahrheit zu sagen, ich auch nicht.

B. Schau den Sonnenuntergang an, gerade so wie das Poster, das wir einmal gekauft haben. Und schau das Wasser an!

A. Gehen wir!

6 Der dritte Tag

B. Mensch, ich hab' noch nie so gut geschlafen.

A. Ich auch nicht. Es ist herrlich, aufzuwachen und wirklich wach zu sein, nicht nur „kaffee-wach".

B. Wo waren wir gestern, bevor wir unseren Kopf verloren und die ganze Mathematik vergaßen?

A. (lacht) Ich glaube, wir hatten gerade bewiesen, daß Conways Zahlen sich so verhalten, wie es alle kleinen

Zahlen sollten. Sie können, von der kleinsten bis zur größten, in einer Reihe angeordnet werden, wobei jede Zahl größer ist als die zu ihrer Linken und kleiner als die zu ihrer Rechten.

B. Haben wir das wirklich bewiesen?

A. Ja, die ungleichartigen Zahlen jedenfalls lassen sich wegen (T4) anordnen. Jede neuerschaffene Zahl muß sich unter die anderen einordnen lassen.

B. Nun sollte es uns ziemlich leicht fallen herauszufinden, was am Dritten Tag geschah. Jene 20 × 20 Berechnungen müssen ganz schön reduziert sein. Unsere Theoreme (T2) und (T3) zeigen

⟨:-⟩ < - < ⟨-:●⟩ < ● < ⟨●:❙⟩ < ❙ < ⟨❙:⟩

daher sind schon sieben Zahlen geordnet, und man muß nur noch die anderen einfügen.

Weißt du, jetzt — wo es einfacher wird — macht das viel mehr Spaß als ein Kreuzworträtsel.

A. Wir wissen zum Beispiel auch, daß

⟨-:❙⟩

irgendwo zwischen ▬ und ❙ liegt. Überprüfen wir es einmal in bezug auf das mittlere Element 0.

B. Hmm. Es ist sowohl ⩽ als auch ⩾ 0 und muß nach Regel (3) gleichartig zu 0 sein. Wie ich gestern sagte, ist es praktisch gleichartig zu 0, und daher können wir es genausogut vergessen. Damit sind acht erledigt und noch weitere zwölf zu behandeln.

A. Versuchen wir, die zehn Fälle los zu werden, in denen X_L oder X_R mehr als ein Element haben, so wie ich es gestern morgen versucht habe. In der Nacht kam mir ein Gedanke, der sich vielleicht bewährt. Angenommen $x = (X_L, X_R)$ sei eine Zahl, und wir betrachten irgendwelche Zahlenmengen Y_L und Y_R, mit

$$Y_L < x < Y_R.$$

Dann, glaube ich, stimmt, daß x gleichartig zu z ist, mit

$$z = (Y_L \cup X_L, X_R \cup Y_R).$$

Mit anderen Worten, das Vergrößern der Mengen X_L und X_R durch Hinzufügen von Zahlen an den entsprechenden Seiten verändert x im Grunde nicht.

B. Laß sehen; das klingt vernünftig. Auf jeden Fall ist z nach Regel (1) eine Zahl; sie wird früher oder später erschaffen werden.

A. Um zu zeigen, daß $z \leq x$ ist, müssen wir beweisen, daß

$$Y_L \cup X_L < x \quad \text{und} \quad z < X_R \quad \text{gilt.}$$

Aber das ist einfach, da wir nach (T3) wissen, daß $Y_L < x$, $X_L < x$ und $z < X_R \cup Y_R$ ist.

B. Und derselbe Schluß, rechts und links vertauscht, zeigt, daß $x \leq z$ ist. Du hast recht, es gilt:

Falls $\quad Y_L < x < Y_R$,

folgt $\quad x \equiv (Y_L \cup X_L, Y_R \cup X_L)$. $\qquad$ (T7)

(Ich werde nun „$x \equiv z$", schreiben, was bedeutet, daß x gleichartig zu z ist, oder $x \leq z$ und $z \leq x$.)

A. Das beweist gerade das, was wir wollen. Zum Beispiel

$$\langle -\bullet : | \rangle \equiv \langle \bullet : | \rangle \quad \langle : -\bullet \rangle \equiv \langle : - \rangle$$

und so weiter.

B. So bleiben nur die zwei Zeichen $\langle - : \rangle$ und $\langle : | \rangle$ übrig.

A. Eigentlich läßt sich (T7) auch auf diese beiden, mit $x = 0$, anwenden.
B. Sehr klug. Nun haben wir den dritten Tag vollständig analysiert; nur jene sieben Zahlen, die wir vorher schon aufgeschrieben hatten, sind wirklich verschieden.
A. Ich frage mich, ob dasselbe sich nicht auch auf die anderen Tage anwenden läßt. Angenommen, die verschiedenen Zahlen am Ende von sieben Tagen seien

$$x_1 < x_2 < \ldots < x_m.$$

Dann sind vielleicht die einzigen Zahlen, die am $(n+1)$-ten Tag erschaffen werden, folgende:

$$(\emptyset, \{x_1\}), (\{x_1\}, \{x_2\}), \ldots, (\{x_{m-1}\}, \{x_m\}), (\{x_m\}, \emptyset).$$

B. Alice, du bist wunderbar! Falls wir dies beweisen können, haben wir unendlich viele Tage mit einem Schlag gelöst! Du wirst weiter kommen als der Schöpfer selbst.
A. Aber vielleicht können wir es nicht beweisen.
B. Probieren wir auf jeden Fall einige Spezialfälle. Zum Beispiel, was passiert, wenn wir die Zahl $(\{x_{i-1}\}, \{x_{i+1}\})$ betrachten; sie müßte gleich irgendeiner von den anderen sein.
A. Sicher; sie ist gleich x_i, wegen Regel (T7). Schau, jedes Element von X_{iL} ist $\leq x_i$ und jedes Element von X_{iR} ist $\geq x_{i+1}$. Deshalb haben wir nach (T7)

$$x_i \equiv (\{x_{i-1}\} \cup X_{iL}, X_{iR} \cup \{x_{i+1}\}).$$

Und wiederum nach (T7)

$$(\{x_{i-1}\}, \{x_{i+1}\}) \equiv (Y_{iL} \cup \{x_{i-1}\}, \{x_{i+1}\} \cup X_{iR}).$$

Nach dem Transitivgesetz gilt $x_i = (\{x_{i-1}\}, \{x_{i+1}\})$.
B. (schüttelt seinen Kopf) Unglaublich, Holmes!

A. Ganz elementar, mein lieber Watson. Man benützt einfach logische Schlußfolgerung.
B. Deine Indizes sind nicht sehr schön, aber diesmal beachte ich sie nicht. Was würdest du mit der Zahl $(\{x_{i-1}\}, \{x_{j+1}\})$ machen, falls $i < j$ ist?
A. (zuckt mit den Schultern) Ich fürchtete schon, du würdest mich das fragen. Ich weiß es nicht.
B. Dein Schluß würde sich wiederum wunderbar bewähren, wenn es eine Zahl x gäbe, in der jedes Element von $X_L \leq x_{i-1}$ und jedes Element von $X_R \leq x_{j+1}$ ist.
A. Ja, du hast recht, ich hatte das nicht bemerkt. Aber alle Elemente $x_i, x_{i+1}, \ldots, x_j$ könnten dazwischen kommen!
B. Vermutlich ... Nein, ich hab's! Sei x jene von den Zahlen $x_i, x_{i+1}, \ldots, x_j$, die als erste erschaffen wurde. Dann können X_L und X_R keine der anderen Zahlen betreffen! Daher gilt $(\{x_{i-1}\}, \{x_{j+1}\}) \equiv x$.
A. Dafür mußt du dir einen Kuß geben lassen.

....

....

B. (lacht) Das Problem ist noch nicht vollständig gelöst. Wir müssen noch Zahlen wie $(\emptyset, \{x_{j+1}\})$ und $(\{x_{i-1}\}, \emptyset)$ betrachten. Aber im ersten Fall erhalten wir die zuerst erschaffene Zahl von $x_1, x_2, \ldots, x_j$, und im zweiten Fall ist es die zuerst erschaffene Zahl von $x_i, x_{i+1}, \ldots, x_m$.
A. Was ist, falls die zuerst erschaffene Zahl nicht eindeutig ist? Ich meine, was passiert, falls mehr als eine Zahl von den $x_i, \ldots, x_j$ an diesem frühesten Tag erschaffen wurde?

B. Oho ... Nein, alles stimmt; das kann nicht geschehen, da der Beweis trotzdem gültig ist und zeigen würde, daß die zwei Zahlen zueinander gleichartig sind, was jedoch unmöglich ist.

A. Toll! Du hast die Probleme für alle Tage auf einmal gelöst.

B. Mit deiner Hilfe! Schauen wir mal, am vierten Tag gibt es 8 neue Zahlen, am fünften dann gibt es weitere 16, usw.

A. Ja, nach dem n-ten Tag werden genau $2^n - 1$ Zahlen erschaffen worden sein.

B. Weißt du, ich glaube, dieser Conway war doch kein so geschickter Kerl. Er hätte doch auch mit viel einfacheren Regeln dasselbe erreichen können. Man bräuchte gar nicht über Zahlenmengen und all diesen Unsinn reden; er hätte nur sagen brauchen, daß alle neuen Zahlen zwischen schon existierenden benachbarten Zahlen oder an den Enden erschaffen werden.

C. **Unsinn. Wartet nur, bis ihr zu den unendlichen Mengen kommt.**

A. Was war das? Hast du etwas gehört? Es klang wie Donner.

B. Ich fürchte wir werden ziemlich bald Monsunzeit haben.

7

7 Entdeckung

A. Na gut, wir haben alles, was auf dem Stein steht, gelöst, aber ich kann mir nicht helfen, ich glaube es fehlt immer noch eine ganze Menge.
B. Was meinst du?
A. Bis jetzt wissen wir zwar, daß am dritten Tag vier neue Zahlen erschaffen worden sind, aber wir wissen nicht, wie Conway sie nannte.

B. Na ja, eine der Zahlen war größer als 1 und so wurde sie vermutlich „2" genannt. Und eine andere lag zwischen 0 und 1 und so nannte er sie vielleicht „$\frac{1}{2}$".

A. Das ist es nicht, worum es wirklich geht. Was mich wirklich beschäftigt ist, warum sie *Zahlen* sein sollen. Ich meine, wenn sie wirklich Zahlen wären, müßte man sie addieren, subtrahieren und solches mehr können.

B. (runzelt die Stirn) Ich verstehe. Du glaubst, daß Conway auf dem abgebrochenen Stück des Steines weitere Regeln gegeben hat, die die Zahlen numerisch gemacht haben. Alles was wir haben ist ein Haufen Objekte, schön in einer Reihe angeordnet; aber wir können mit ihnen nichts anfangen.

A. Ich glaube nicht, daß ich weitsichtig genug bin zu erraten, was er gemacht hat — falls er noch etwas gemacht hat.

B. Das bedeutet, daß wir festsitzen, außer wir finden den fehlenden Teil dieses Steine. Und ich erinnere mich nicht mehr, wo wir den ersten Teil gefunden haben.

A. Aber ich; ich war so vorsichtig, mir das für den Fall zu notieren, daß wir jemals wieder dorthin zurückwollen.

B. Was würde ich ohne dich tun? Komm, gehen wir!

A. He, warte; glaubst du nicht, wir sollten vorher noch etwas essen?

B. Richtig, ich bin so in dieser Sache drin, daß ich das Essen völlig vergessen habe. In Ordnung, nehmen wir schnell ein paar Happen und fangen wir dann zu graben an.

. . . .

A. (gräbt) Oh, Bill, ich glaube nicht, daß es so gehen wird. Das Material unter dem Sand ist so hart, daß wir spezielle Werkzeuge brauchen.

B. Ja, das Kratzen mit dem Messer wird uns nicht sehr weit bringen. Uhh, der Regen kommt auch schon. Sollen wir zum Lager zurücklaufen?
A. Schau, bei dieser Klippe drüben ist eine Höhle. Warten wir den Sturm dort ab. Es schüttet ja richtig!

. . . .

B. Da drinnen ist es aber dunkel. Autsch! Ich bin mit meiner Zehe irgendwo angestoßen. Um alles in der Welt ...
A. Bill! Du hast ihn gefunden! Du bist mit deiner Zehe am anderen Teil des Conway-Steines angestoßen.
B. (jammert) Bei Gott, anscheinend hast du recht. Um vom Schicksal zu reden! Aber meine Zehe freut sich nicht so darüber, wie der Rest von mir.
A. Kannst du es lesen, Bill? Ist es wirklich das Stück, das wir wollen, oder ist es etwas ganz anderes?
B. Es ist hier zu dunkel, um viel zu sehen. Hilf mir, ihn in den Regen hinauszuschleppen; das Wasser wird den Staub wegschwemmen und ...
Hurra! Ich kann die Worte „Conway" und „Zahl" erkennen; es muß also das sein, was wir suchen.
A. Gut, wir werden einiges zum Herumknobeln haben. Wir sind gerettet.
B. Die Information, die wir brauchen ist hier schon drauf. Aber ich werde in die Höhle zurückgehen, es kann ja nicht noch lange so stark weiterregnen.
A. (folgt ihm) Richtig, wir werden völlig durchnäßt.

. . . .

B. Ich frage mich, warum diese Mathematik nun so aufregend ist, während sie doch in der Schule so langweilig war. Erinnerst du dich an Professor Landaus Vorlesungen? Ich habe diese Stunden immer gehaßt: Satz, Beweis, Hilfssatz, Bemerkung, Satz, Beweis, wie langweilig!

A. Ja, ich erinnere mich, daß es mir schwer fiel wachzubleiben. Aber schau — würde es nicht mit *unseren* wundervollen Entdeckungen genauso sein?

B. Das stimmt. Ich verspüre das unsinnige Verlangen, mich vor eine Klasse hinzustellen und unsere Ergebnisse zu präsentieren: Satz, Beweis, Hilfssatz, Bemerkung. Ich würde es so raffiniert machen, daß kein Mensch erraten könnte, wie wir es gemacht haben, und alle würden *so* beeindruckt sein.

A. Oder gelangweilt.

B. Ja, nun haben wir's: ich glaube, die Aufregung und die Schönheit liegen im Entdecken, nicht im Zuhören.

A. Aber es *ist* schön. Und ich habe es fast genauso genossen, deine Entdeckungen anzuhören, wie meine eigenen zu machen. Worin liegt nun der eigentliche Unterschied?

B. Ich glaube, du hast recht damit. Mir war es möglich, das, was *du* getan hast, wirklich zu schätzen, weil ich selber schon mit demselben Problem gekämpft hatte.

A. Vorher war es deshalb langweilig, weil wir selber gar nicht daran beteiligt waren. Wir mußten nur etwas aufnehmen, was jemand anderer machte, und unserer Meinung nach war nichts Besonderes dran.

B. So oft ich von nun an ein Mathematikbuch lese, werde ich versuchen, selbst herauszufinden wie alles gemacht wurde, bevor ich mir die Lösung anschaue. Wenn ich es selbst nicht zustandebringe, hoffe ich trotzdem, daß ich dann die Schönheit des Beweises sehe.

A. Und ich glaube, wir sollten auch versuchen zu erraten, was die nächsten Sätze sein werden; oder wenigstens herauszufinden, wie und warum überhaupt jemand versuchen würde, solche Sätze zu beweisen. Wir sollten uns selbst in die Lage des Entdeckers versetzen. Der kreative Teil ist wirklich viel interessanter als der deduktive. Anstatt sich darauf zu konzentrieren, auf Fragen gute Antworten zu finden, ist es viel wichtiger zu lernen, wie man gute Fragen stellt!

B. Das ist ganz wesentlich. Ich wünschte, unsere Lehrer gäben uns Probleme wie „Finden Sie etwas Interessantes über x heraus", anstelle von „Beweisen Sie x".

A. Genau. Aber unsere Dozenten sind so konservativ; sie hätten Angst, die Streber zu verscheuchen, die gehorsam und mechanisch alle Hausaufgaben machen. Außerdem würden sie die zusätzliche Arbeit, die das Korrigieren solcher Antworten mit sich bringt, scheuen. Die traditionelle Art ist es, alle kreativen Aspekte aufzuschieben, bis eine Diplomarbeit oder eine Dissertation geschrieben wird. Siebzehn Jahre oder noch länger wird dem Studenten beigebracht, Prüfungen zu bestehen, und plötzlich, wenn er genug Prüfungen bestanden hat, soll er etwas Eigenständiges tun.

B. Richtig. Ich bezweifle, ob viele echt eigenständige Studenten überhaupt so lange dabeigeblieben sind.

A. Hm, ich weiß es nicht. Vielleicht sind sie eigenständig genug, einen Weg zu finden, wie man das System genießt, z.B. etwa sich selbst in den Gegenstand hineinzuversetzen, wie wir gerade gesagt haben. Das würde sogar die traditionellen Vorlesungen erträglich machen, vielleicht sogar lustig.

B. Du warst immer eine Optimistin. Ich fürchte, du zeichnest ein zu rosiges Bild. Aber schau, es hat aufgehört zu regnen; schleppen wir den Stein ins Lager zurück und schauen wir, was er sagt.

8 Addition

A. Die zwei Stücke passen recht gut zusammen; es scheint, daß wir fast die ganze Botschaft haben. Was steht da?

B. Dieser Teil ist etwas schwieriger zu entziffern, es kommen einige veraltete Wörter vor. Ich glaube er lautet folgendermaßen:

> ... Tag. Und Conway sagte: „Die Zahlen sollen auf folgende Art und Weise addiert werden: die linke

Menge der Summe zweier Zahlen sei die Summe aller linken Teile von jeder Zahl mit der anderen; auf gleiche Weise setze sich die rechte Menge aus den rechten Teilen zusammen, jede nach ihrer eigenen Art". Conway bewies, daß die Addition mit 0 eine Zahl nicht verändert, und sah, daß die Addition gut war. Und der Abend und der Morgen waren der dritte Tag.

Und Conway sagte: „Das Negative einer Zahl habe als seine Mengen die Negative der entgegengesetzten Mengen der Zahl; und die Subtraktion sei Addition des Negativen." Und so geschah es. Conway bewies, daß die Subtraktion zur Addition invers ist, und es war gut so. Und der Abend und der Morgen waren der vierte Tag.

Und Conway sagte zu den Zahlen: „Seid fruchtbar und vermehret euch. Es soll ein Teil einer Zahl mit einer anderen multipliziert und zum Produkt der ersten Zahl mit einem Teil der anderen addiert werden, und das Produkt der Teile werde subtrahiert. Dies soll auf alle mögliche Art und Weise geschehen; und es ergibt eine Zahl in der linken Menge des Produkts, wenn die Teile von gleicher Art sind; wenn sie von entgegengesetzter Art sind, jedoch in der rechten Menge." Conway bewies, daß jede Zahl multipliziert mit eins unverändert bleibt. Und der Abend und der Morgen waren der fünfte Tag.

Und siehe! Als die Zahlen für unendlich viele Tage erschaffen worden waren, erschien das Universum selbst. Und der Abend und der Morgen waren der Tag $\aleph$.

Und Conway überschaute alle die Regeln, die er gemacht hatte und sah, daß sie sehr, sehr gut waren.

Und er befahl ihnen, für Zeichen, Reihen, Quotienten und Wurzeln zu stehen.

Und dann entstand plötzlich eine unendliche Zahl kleiner als unendlich. Und Unendlichkeiten von Tagen brachten mehrfache Klassen von Unendlichkeiten hervor.

Das ist die ganze Bescherung.

A. Was für ein sonderbares Ende. Und was meinst du mit „Tag Aleph"?

B. Na ja, Aleph ist ein hebräischer Buchstabe und er steht einfach da, ganz für sich allein; schau: א . Anscheinend bedeutet er unendlich. Geben wir doch zu, das ist schwieriges Zeug, und es wird nicht leicht sein herauszufinden, was es bedeutet.

A. Kannst du alles niederschreiben, während ich das Abendessen richte? Es ist viel zu viel, als daß ich es im Kopf behalten könnte, und ich kann es ja nicht lesen.

B. Gut, das wird auch mir helfen, darüber ins Klare zu kommen.

. . . .

A. Es ist komisch, daß die vier Zahlen, die am dritten Tag erschaffen worden sind, gar nicht erwähnt werden. Ich frage mich immer noch, wie Conway sie genannt hat.

B. Wenn wir die Regeln für Addition und Subtraktion ausprobieren, können wir vielleicht herausfinden, welche Zahlen es sind.

A. Ja, *falls* wir die Regeln für Addition und Subtraktion verstehen lernen. Schauen wir mal, ob wir die Additionsregel in symbolische Form umschreiben können, um zu erkennen, was sie bedeutet ... Ich glaube „nach ihrer eigenen Art" muß bedeuten, daß links mit links und rechts mit rechts geht. Was hältst du davon:

$$x + y = ((X_L + y) \cup (Y_L + x), (Y_R + x) \cup (X_R + y))? (3)$$

B. Das schaut ja schrecklich aus. Was besagt *deine* Regel?

A. Um die linke Menge von $x + y$ zu erhalten, nimmt man alle Zahlen der Form $x_L + y$, wobei x_L in X_L liegt, und auch alle Zahlen $y_L + x$, mit y_L in Y_L. Die rechte Menge setzt sich aus den rechten Teilen zusammen, „auf gleiche Weise".

B. Ich verstehe, ein „linker Teil" von x ist ein Element von X_L. Deine symbolische Definition dürfte sicherlich mit der im Text übereinstimmen.

A. Und sie ist auch sinnvoll, weil jedes $x_L + y$ und jedes $x + y_L$ kleiner als $x + y$ sein sollte.

B. In Ordnung, ich bin bereit, es auszuprobieren und zu sehen, wie es sich bewährt. Ich sehe, du hast es Regel (3) genannt.

A. Wir wissen, daß es nach dem dritten Tag sieben Zahlen gibt, die wir $0, 1, -1, a, b, c$ und d nennen können.

B. Nein, mir kommt vor, als könnten wir Symmetrie verwenden und schreiben

$$-a < -1 < -b < 0 < b < 1 < a,$$

wobei

$$-a = \langle : - \rangle \qquad \langle | : \rangle = a$$
$$-1 = - = \langle : \bullet \rangle \qquad \langle \bullet : \rangle = | = 1$$
$$-b = \langle - : \bullet \rangle \qquad \langle \bullet : | \rangle = b$$
$$0 = \langle : \rangle = \bullet$$

A. Hervorragend! Du hast sicherlich recht, denn Conways nächste Regel ist diese:
$$-x = (-X_R, -X_L). \tag{4}$$
B. So ist es! Gut, nun können wir beginnen, diese Zahlen zu addieren. Was zum Beispiel ist 1 + 1 nach Regel (3)?
A. Mach du das, und ich schaue mir 1 + a an.
B. Gut, ich bekomme ($\{0+1, 0+1\}, \emptyset$). Und 0 + 1 ist ($\{\emptyset + 0\}, \emptyset$), 0 + 0 ist ($\emptyset, \emptyset$) = 0. Alles paßt zusammen und ergibt 1 + 1 = ($\{1\}, \emptyset$) = a. Genauso wie wir es uns gedacht haben, a muß 2 sein!
A. Meinen Glückwunsch, daß du den längsten Beweis der Welt für 1 + 1 = 2 gefunden hast.
B. Hast du je einen kürzeren gesehen?
A. Nicht direkt. Schau, deine Berechnungen helfen auch mir. Ich erhalte 1 + 2 = ($\{2\}, \emptyset$), eine Zahl, die bis zum vierten Tag noch nicht erschaffen worden ist.
B. Ich schlage vor wir nenn sie „3".
A. Bravo, Regel (3) bewährt sich also; prüfen wir nach, ob b gleich $\frac{1}{2}$ ist, indem wir $b + b$ ausrechnen ...
B. Hmm, das ist komisch, da kommt ($\{b\}, \{b+1\}$) heraus, was ja noch gar nicht erschaffen worden ist.
A. Und $b + 1$ ist ($\{b, 1\}, \{2\}$), was gleichartig zu ($\{1\}, \{2\}$) ist, das erst am vierten Tag erschaffen wird. Das heißt, daß $b + b$ erst am *fünften* Tag auftaucht.
B. Erzähl mir nicht, daß $b + b$ gleichartig zu einer *anderen* Zahl sein wird, deren Namen wir nicht kennen.
A. Sitzen wir nun fest?
B. Wir haben eine Theorie erarbeitet, die besagt, wie man alle erschaffenen Zahlen berechnen kann, und daher *sollte* es uns auch gelingen. Machen wir eine Tabelle für die ersten vier Tage.

A. Ach, Bill, das ist viel zu viel Arbeit.

B. Nein, es ist eigentlich ein recht einfaches Muster. Schau:

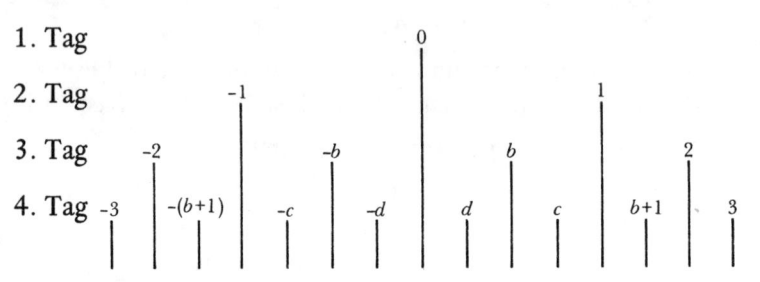

1. Tag   0

2. Tag   −1   1

3. Tag   −2   −b b 2

4. Tag   −3   −(b+1)   −c −d d c b+1   3

A. Ah, ich verstehe, $b + b$ ist ($b, b + 1$), welches aus *nicht benachbarten* Zahlen entsteht ... Und unsere Theorie besagt, daß es die *zuersterschaffene* Zahl ist, die zwischen ihnen liegt.

B. (strahlt) Und das ist 1, da 1 vor c auftritt.

A. So ist b doch $\frac{1}{2}$, obwohl sein numerischer Wert erst zwei Tage später festgelegt wird. Es ist erstaunlich, was man alles mit diesen paar Regeln beweisen kann — sie hängen alle so eng zusammen, daß man stutzig wird.

B. Ich wette d ist $\frac{1}{3}$ und c ist $\frac{2}{3}$.

A. Aber die Sonne geht gerade unter! Schlafen wir darüber, Bill. Wir haben genug Zeit, und ich bin wirklich durchnäßt.

B. (murmelt) $d + c = \ldots$ Schon gut. Gute Nacht.

9

9 Die Antwort

A. Du bist schon wach?
B. Was für eine miserable Nacht! Ich habe mich die ganze Zeit hin und her gedreht und meine Gedanken sind im Kreis gelaufen. Ich habe geträumt, Sachen zu beweisen und logische Ableitungen zu machen, aber als ich aufwachte, war alles Unsinn.
A. Vielleicht ist diese ganze Mathematik doch nicht gut für uns. Gestern waren wir so glücklich, aber —

B. (unterbricht sie) Ja, gestern waren wir ganz berauscht von der Mathematik, aber heute ist alles schal. Ich kann es aber nicht aus meinen Gedanken wegbringen, wir müssen weitere Ergebnisse bekommen, bevor ich aufgeben kann. Wo ist der Bleistift.

A. Bill, du mußt frühstücken. Dort drüben sind einige Marillen und Feigen.

B. Ja, aber ich muß gleich mit der Arbeit anfangen.

A. Eigentlich bin ich ja auch neugierig zu erfahren, was passiert, aber versprich mir eines.

B. Was denn?

A. Wir arbeiten heute nur an der Addition und Subtraktion, *nicht* an der Multiplikation. Wir werden den anderen Teil des Steines heute nicht einmal anschauen, sondern erst später.

B. Einverstanden. Ich bin fast gewillt, die Multiplikation unbegrenzt aufzuschieben, da sie sehr kompliziert ausschaut.

A. (küßt ihn) In Ordnung, nun entspanne dich.

B. (räkelt sich) Du bist so lieb zu mir, Alice.

A. Das ist besser so. Nun, ich habe letzte Nacht darüber nachgedacht, wie du gestern morgen das Problem bezüglich aller Zahlen gelöst hast. Ich glaube, es ist ein wichtiges Prinzip, das wir als Satz formulieren sollten. Etwa folgendermaßen:

> Es sei eine Zahl y gegeben. Falls x die erste erschaffene Zahl mit den Eigenschaften $Y_L < x$ und $x < Y_R$ ist, dann gilt $x \equiv y$. (T8)

B. Hmm. Ich glaube, das *ist* es, was wir bewiesen haben. Schauen wir, ob wir den Beweis mit diesen neuen Symbolen wiederholen können. Soweit ich mich erinnere, haben wir die Zahl $z = (Y_L \cup X_L, X_R \cup Y_R)$ konstruiert und erhielten dann nach (T7) $x \equiv z$. Andererseits: kein Element x_L von X_L erfüllt $Y_L < x_L$, da x_L vor x erschaffen wurde; daher ist nach (T4) jedes $x_L \leq$ einem y_L. Somit gilt $X_L < y$ und gleicherweise $y < X_R$. Und damit $y \equiv z$ nach (T7).

Nun, da wir das ganze Werkzeug beisammen haben, ist es ja ziemlich leicht, den Beweis durchzuführen.

A. Was mir an (T8) gefällt, ist, daß es die Berechnung, die wir gestern Abend gemacht haben, sehr erleichtert. Als wir zum Beispiel $b + b = (\{b\}, \{b + 1\})$ berechneten, hätten wir gleich sehen können, daß 1 die erste Zahl ist, die zwischen $\{b\}$ und $\{b + 1\}$ erschaffen wird.

B. He, versuchen wir das mit $c + c$: es ist die erste Zahl, die zwischen $b + c$ und $1 + c$ erschaffen wird. Gut, das muß $b + 1$ sein, ich meine $1\frac{1}{2}$, und c ist dann $\frac{3}{4}$.

A. Und d ist $\frac{1}{4}$.

B. Richtig,

A. Ich glaube das allgemeine Gesetz wird nun klar: nach dem vierten Tag sind die Zahlen ≥ 0 folgende

$$0, \tfrac{1}{4}, \tfrac{1}{2}, \tfrac{3}{4}, 1, \tfrac{3}{2}, 2, 3,$$

und nach fünf Tagen werden es wahrscheinlich ...

B. (unterbricht)

$$0, \tfrac{1}{8}, \tfrac{1}{4}, \tfrac{3}{8}, \tfrac{1}{2}, \tfrac{5}{8}, \tfrac{3}{4}, \tfrac{7}{8}, 1, \tfrac{5}{4}, \tfrac{3}{2}, \tfrac{7}{4}, 2, \tfrac{5}{2}, 3, 4 \text{ sein.}$$

A. Genau. Kannst Du es beweisen?

B. ...

Ja, aber nicht so leicht, wie ich dachte. Zum Beispiel, um den Wert von $f = (\{\tfrac{3}{2}\}, \{2\})$ herauszufinden, der, wie sich herausstellte $\tfrac{7}{4}$ ist, berechnete ich $f + f$. Das ist die erste zwischen 3 und 4 erschaffene Zahl, und ich mußte

„vorausblicken" um zu sehen, daß sie $\frac{7}{2}$ war. Ich bin überzeugt, daß wir das richtige allgemeine Gesetz haben, aber es wäre schön, einen Beweis zu finden.

A. Am vierten Tag berechneten wir $\frac{3}{2}$, weil wir wußten, daß es $1 + \frac{1}{2}$ ist, und *nicht* weil wir $\frac{3}{2} + \frac{3}{2}$ versuchten. Vielleicht geht es, wenn man 1 addiert.

B. Schauen wir mal ... Nach der Definition, Regel (3), gilt

$$1 + x = ((1 + X_L) \cup \{x\}, 1 + X_R),$$

unter der Annahme, daß $0 + x = x$ ist. Ist es nicht tatsächlich sogar richtig, daß ... Sicher, für positive Zahlen können wir x_L immer so wählen, daß $1 + X_L$ ein Element $\geqslant x$ hat, und somit reduziert sich obiges in diesem Fall zu

$$1 + x = (1 + X_L, 1 + X_R).$$

A. So ist's Bill! Schau dir die letzten acht Zahlen des fünften Tages an; sie sind nur um eins größer als die acht Zahlen des vierten Tages.

B. Das ist ja sehr gut. Alles, was bleibt, ist, dieses Gesetz für Zahlen x zwischen 0 und 1 zu beweisen ... aber das kann man erledigen, indem man $x + x$ betrachtet, das immer kleiner als 2 sein wird!

A. Ja, nun bin ich sicher, daß wir das richtige Gesetz haben.

B. Mir fällt ein Stein vom Herzen. Nun fühle ich gar nicht mehr die Notwendigkeit, den Beweis zu formalisieren; ich *weiß*, er stimmt.

A. Ich frage mich, ob unsere Regel für $1 + x$ nicht ein Spezialfall einer allgemeineren Regel ist. Ist nicht zum Beispiel

$$y + x = (y + X_L, y + X_R)?$$

Das wäre viel einfacher als Conways komplizierte Regel.

B. Es klingt logisch; die Addition von y sollte die Dinge um y Einheiten „weiterschieben". Aber, nein, nehmen wir $x = 1$; das würde besagen: $y + 1$ ist $(y, \emptyset)$, was im Fall y ist $\frac{1}{2}$ nicht stimmt.

A. Tut mit leid, aber deine Regel für $1 + x$ stimmt auch für $x = 0$ nicht.

B. Richtig. Ich bewies sie nur für positives x.

A. Ich glaube wir sollten uns Regel (3), die Additionsregel, genauer anschauen und herausfinden, was davon allgemein bewiesen werden kann. Alles, was wir haben, sind *Namen* für die Zahlen. Diese Namen müssen richtig sein, falls sich Conways Zahlen wie eigentliche Zahlen benehmen, aber wir wissen nicht, ob Conways Regeln wirklich dieselben sind. Außerdem finde ich es lustig, eine ganze Ladung Sachen nur von ein paar grundlegenden Regeln abzuleiten.

B. Schauen wir mal. Zuerst einmal ist die Addition offensichtlich das, was wir kommutativ nennen könnten, ich meine

$$x + y = y + x. \tag{T9}$$

A. Richtig. Nun wollen wir beweisen, was Conway behauptete, nämlich daß

$$x + 0 = x \tag{T10}$$

ist.

B. Die Regel besagt, daß

$$x + 0 = (X_L + 0, X_R + 0)$$

ist.

Alles, was wir machen, ist wieder ein „Schöpfungstag"-Induktionsschluß. Wir können annehmen, daß $X_L + 0$ das gleiche ist wie X_L, ebenso X_R, da alle diese Zahlen vor x erschaffen worden sind. q.e.d.

A. Haben wir nicht bewiesen, daß $x + 0 \equiv x$ ist und nicht $= x$?
B. Du bist aber pedantisch! Ich ändere (T10), wenn du willst, da es wirklich keinen Unterschied macht. Aber zeigt denn der Beweis nicht tatsächlich, daß $x + 0$ identisch dasselbe Paar von Mengen ist wie x?
A. Entschuldige nochmals. Du hast recht.
B. Das sind insgesamt 10 Sätze. Sollen wir versuchen, weitere zu erhalten, da wir gerade in Fahrt sind?

10

10 Sätze

A. Und wie steht es mit dem Assoziativgesetz

$$(x + y) + z = x + (y + z). \tag{T11}$$

B. Oh, ich bezweifle, daß wir das brauchen; bei den Berechnungen ist es bis jetzt nicht aufgetaucht. Aber ich vermute, daß es nicht schaden kann, wenn wir es ausprobieren, da meine Mathelehrer es immer für so eine tolle Sache hielten. Ein Assoziativgesetz ergibt sich sofort. Kannst du die Definition erarbeiten?

A. $(x + y) + z = (((X_L + y) + z) \cup ((Y_L + x) + z)$
$\cup (Z_L + (x + y)), ((X_R + y) + z)$
$\cup ((Y_R + x) + z) \cup (Z_R + (x + y)))$

$x + (y + z) = ((X_L + (y + z)) \cup ((Y_L + z) + x)$
$\cup ((Z_L + y) + x, (X_R + (y + z))$
$\cup ((Y_R + z) + x) \cup ((Z_R + y) + x)).$

B. Du bist wirklich sehr geschickt bei diesen unangenehmen Formeln. Aber wie kann man die Gleichheit dieser monströsen Ausdrücke beweisen?

A. Das ist nicht schwer; man braucht nur den Tagessummenschluß auf (x, y, z) anwenden, wie wir es schon gemacht haben. Schau, $(X_L + y) + z = X_L + (y + z)$, weil (x_L, y, z) eine kleinere Tagessumme als (x, y, z) hat, und wir darauf Induktion anwenden können. Dasselbe gilt für die fünf anderen Mengen, wenn man in einigen Fällen das Kommutativgesetz anwendet.

B. Herzlichen Glückwunsch. Wieder einmal ein q.e.d. und ein weiterer Beweis von = anstelle von ≡.

A. Das ≡ macht mir noch Sorgen, Bill. Wir haben gezeigt, daß wir bezüglich < und ≤ gleichartige Elemente durch gleichartige ersetzen konnten, aber müssen wir dies nicht auch noch für die Addition nachweisen? Ich meine,

falls $x \equiv y$, dann gilt $x + z \equiv y + z$. (T12)

B. Ich glaube schon, sonst wären streng genommen die Vereinfachungen, die wir durch unsere Namen für die Zahlen gemacht haben, nicht erlaubt. Solange wir die Sachen beweisen, können wir es genauso gut gleich richtig machen.

A. Eigentlich könnten wir genauso gut eine stärkere Aussage beweisen:

falls $x \leqslant y$, dann gilt $x + z \leqslant y + z$, (T13)

weil dies direkt (T12) beweist.

B. Ich verstehe; da $x \equiv y$ dann und nur dann gilt, falls $x \leqslant y$ und $y \leqslant x$. (T13) scheint außerdem auch nützlich zu sein. Sollten wir nicht noch mehr beweisen, und zwar

falls $x \leqslant y$ und $w \leqslant z$, dann gilt $x + w \leqslant y + z$?

A. Oh, das folgt nach (T13), da $x + w \leqslant y + w = w + y \leqslant z + y = y + z$.

B. In Ordnung, das ist gut, da (T13) einfacher ist. Na ja, du bist Expertin für Formeln. Wozu ist (T13) äquivalent?

A. Seien $X_L < y$ und $x < Y_R$, dann müssen wir beweisen, daß jeweils $X_L + z < y + z$, $Z_L + x < y + z$, $x + z < Y_R + z$ und $x + z < Z_R + y$ ist.

B. Wieder eine Induktion über die Tagessummen, nicht wahr? Also wirklich, das wird zu leicht.

A. Dieses Mal ist es nicht ganz so leicht. Ich fürchte, die Induktion wird uns nur $X_L + z \leqslant y + z$ usw. bringen. Es ist noch möglich, daß $x_L < y$ gilt, jedoch $x_L + z \equiv y + z$.

B. Oh ja. Das ist interessant. Was wir brauchen ist das Gegenteil,

falls $x + z \leqslant y + z$, dann gilt $x \leqslant y$. (T14)

A. Fabelhaft! Das Gegenteil ist äquivalent zu Folgendem: falls $X_L + z < y + z$, $Z_L + x < y + z$, $x + z < Y_R + z$ und $x + z < Z_R + y$, beweise, daß $X_L < y$ und $x < Y_R$ ist.

B. Hmm. Das Gegenteil würde sich mit Induktion machen lassen, außer, daß wir vielleicht eine Fall hätten wie $x_L + z < y + z$, aber $x_L \equiv y$. Solche Fälle würden durch (T13) ausgeschlossen werden, jedoch ...

A. Aber wir brauchen (T13), um (T14) zu beweisen, und (T14), um (T13) zu beweisen, und (T13), um (T12) zu beweisen.

B. Wir gehen schon wieder im Kreis.

A. Ah, es gibt doch einen Ausweg, wir beweisen *beide* zusammen! Wir können die gemeinsame Aussage „(T13) und (T14)" mit Induktion über die Tagessummen von (x, y, z) beweisen!
B. (strahlt) Alice, du bist ein Genie! Ein absolut großartiges, aufreizendes Genie.
A. Nicht so schnell, wir haben noch zu arbeiten. Wir sollten besser zeigen, daß

$$x - x \equiv 0 \qquad (T15)$$

ist.
B. Was bedeutet dieses Minuszeichen? Wir haben Conways Regel für die Subtraktion ja noch gar nicht niedergeschrieben.
A. $\qquad x - y = x + (-y). \qquad (5)$
B. Mir fällt auf, daß du in (T15) $\equiv$ verwendet hast; in Ordnung, klarerweise wird $x + (-x)$ nicht identisch mit 0 sein; ich meine mit der leeren Menge gleich linke und rechte Menge, wenn nicht x gleich 0 ist.
A. Regeln (3), (4) und (5) besagen, daß (T15) zu Folgendem äquivalent ist:

$$((X_L + (-x)) \cup ((-X_R) + x),$$
$$(X_R + (-x)) \cup ((-X_L) + x)) \equiv 0.$$

B. Och, das schaut schwer aus. Wie zeigen wir überhaupt, daß etwas $\equiv 0$ ist? ... Nach (T8) gilt $y \equiv 0$ genau dann, falls $Y_L < 0$ und $0 < Y_R$ ist, da 0 die zuerst erschaffene Zahl von allen ist.
A. Dieselbe Aussage folgt auch direkt aus Regel (2); ich meine $y \leqslant 0$ genau dann, falls $Y_L < 0$, und $0 \leqslant y$ genau dann, falls $0 < Y_R$. Was uns nun zu beweisen bleibt,

ist Folgendes:

$$x_L + (-x) < 0 \qquad (-x_R) + x < 0$$
$$x_R + (-x) > 0 \quad \text{und} \quad (-x_L) + x > 0,$$

für alle x_L in X_L und alle x_R in X_R.

B. Hmm. Können wir nicht annehmen, daß $x_L + (-x_L) \equiv 0$ und $x_R + (-x_R) \equiv 0$ ist?

A. Ja, da wir (T15) mit Induktion beweisen können.

B. Dann hab ich's aber! Falls $x_L + (-x) \geqslant 0$ wäre, dann wäre nach Definition $(-X)_R + x_L > 0$. Aber $(-X)_R$ ist $-(X_L)$, was nun $-x_L$ enthält und $(-x_L) + x_L$ ist nicht > 0. Daher muß $x_L + (-x) < 0$ sein, und dieselbe Methode bewährt sich auch für die anderen Fälle.

A. Bravo! Das erledigt (T15).

A. Aber was nun?

B. Wir wäre es damit:

$$-(-x) = x. \qquad (T16)$$

B. Aber das ist doch trivial. Und das Nächste?

A. Alles was mir einfällt, ist Conways Theorem

$$(x + y) - y \equiv x. \qquad (T17)$$

B. Wozu ist das äquivalent?

A. Das ist wirklich ein völliges Durcheinander... Könnten wir nicht Sachen beweisen, ohne jedes Mal zu den Definitionen zurückzugehen?

B. Aha! Ja, es ergibt sich alles fast von selbst:

$$\begin{aligned}
(x + y) - y &= (x + y) + (-y) & &\text{nach (5)} \\
&= x + (y + (-y)) & &\text{nach (T11)} \\
&= x + (y - y) & &\text{nach (5)} \\
&= x + 0 & &\text{nach (T12) und (T15)} \\
&= x & &\text{nach (T10)}
\end{aligned}$$

Wir haben nun einen ganzen Berg nützlicher Ergebnisse gesammelt — sogar das Assoziativgesetz hat sich schön eingefügt. Vielen Dank, daß du es gegen mein besseres Wissen vorgeschlagen hast.

A. In Ordnung, wir haben die Möglichkeiten der Addition und Subtraktion wahrscheinlich voll ausgeschöpft. Es sind noch einige weitere Sachen, die wir beweisen könnten, wie zum Beispiel

$$-(x+y) = (-x) + (-y) \qquad \text{(T18)}$$
$$\text{falls} \quad x \leqslant y, \quad \text{dann gilt} \quad -y \leqslant -x, \qquad \text{(T19)}$$

aber ich glaube nicht, daß wir dazu neue Ideen benötigen. Daher sehe ich keinen Grund, sie zu beweisen, wenn wir sie nicht brauchen.

B. Neunzehn Sätze, nur von diesen paar einfachen Regeln.

A. Nun mußt du dich an dein Versprechen erinnern: heute Nachmittag machen wir Ferien von der Mathematik, ohne den restlichen Text auf dem Stein nochmals anzuschauen. Ich möchte nicht, daß dir dieser schreckliche Multiplikationstaumel noch mehr Schlaf raubt.

B. Wir haben ohnehin die Arbeit eines vollen Tages geleistet — alle Probleme sind gelöst. Schau, die Flut ist gerade wieder richtig. Wer als letzter ins Wasser kommt, muß das Abendessen kochen.

11

11 Der Antrag

A. Du hast wirklich ein gutes Abendessen gekocht.
B. (legt sich neben ihr hin) Hauptsächlich wegen des frischen Fisches, den du gefangen hast. Worüber denkst du gerade nach?
A. (errötet) Na ja, eigentlich habe ich mich gefragt, wie es mit uns beiden weiter gehen soll.
B. Du meinst, hier sind wir, in der Nähe des Fruchtbaren Halbmondes, und …?

A. Sehr lustig.

B. In Ordnung, du hast recht, keine dummen Witze mehr. Aber wenn ich gerade daran denke, Conways Regeln für Zahlen sind wie Paarungen, ich meine die linke Menge trifft die rechte Menge, ...

Ich habe mir ohnehin gedacht, daß wir besser ziemlich bald nach Hause zurückkehren sollten; unser Geld wird immer weniger und das Wetter wird auch schlecht.

Außerdem möchte ich dich dann gerne heiraten. Falls du willst, natürlich.

A. Ich fühle genau dasselbe. Diese Reise hat bewiesen, daß wir für eine dauerhafte Bindung bereit sind —

Ich frage mich ... werden wir unseren Kindern unsere Theorie von den Zahlen beibringen?

B. Nein, es wäre für sie viel lustiger, sie selber zu entdecken.

A. Aber man kann nicht *alles* selbst entdecken. Es muß ein Gleichgewicht geben.

B. Aber, ist nicht jedes Lernen ein Prozeß des selber Entdeckens? Helfen nicht die besten Lehrer ihren Studenten eigenständig zu denken?

A. Irgendwie, ja. Huh, wir werden ja ganz schön philosophisch.

B. Ich muß immer noch daran denken, wie großartig ich mir vorkomme, wenn ich diese verrückte Mathematik betreibe; jetzt bringt sie mich so richtig in Schwung, obwohl ich sie immer gehaßt habe.

A. Ja, mir ist es auch so ergangen. Ich glaube, sie ist viel besser als Drogen; ich meine, das Gehirn kann sich selbst auf natürliche Art und Weise stimulieren.

B. Und außerdem war es auch eine Art Aphrodisiakum.

A. (betrachtet die Sterne) Da ist noch eine gute Seite an der reinen Mathematik — die Sachen, die wir bewiesen haben, werden nie zu etwas nütze sein, und so wird niemand sie je dazu verwenden können, Bomben oder ähnliches Zeug zu machen.

B. Richtig. Aber wir können auch nicht die ganze Zeit in einem elfenbeinernen Turm bleiben. Es gibt viele Probleme auf der Welt, und die richtige Art von Mathematik könnte vielleicht zu ihrer Lösung beitragen. Du weißt doch, wir haben so lange keine Zeitungen gelesen, daß wir die Probleme alle vergessen haben.

A. Ja, manchmal fühle ich mich deswegen schuldig ...

Vielleicht könnte die richtige Art von Mathematik zur Lösung einiger dieser Probleme beitragen, aber es macht mir Sorgen, daß sie auch mißbraucht werden könnte.

B. Das ist das Paradoxon und das Dilemma. Nichts kann ohne Werkzeug erreicht werden, aber Werkzeuge kann man sowohl für gute als auch für schlechte Zwecke verwenden. Wenn wir aufhören, Dinge zu erschaffen, weil sie in den falschen Händen schädlich sein könnten, hören wir auch auf, sinnvolle Sachen zu machen.

A. In Ordnung, ich versichere dir, daß reine Mathematik nicht die Antwort zu allem ist. Aber wirst du sie deshalb völlig abschaffen, nur weil sie die Probleme der Welt nicht löst?

B. Aber nein, mißverstehe mich nicht. Diese letzten paar Tage haben mir gezeigt, daß reine Mathematik schön ist — sie ist eine Form von Kunst, wie Dichtung oder Malerei oder Musik, und sie regt uns an. Unsere natürliche Neugier muß befriedigt werden. Wir würden zugrunde gehen, wenn wir nicht etwas Spaß haben könnten, sogar inmitten von Not und Unglück.

A. Bill, ich bin froh, daß wir so miteinander reden können.

B. Mir gefällt es auch sehr gut. Ich fühle mich dir näher und irgendwie sehr ausgeglichen.

12 Unheil

B. Bist du schon wach?

A. Ich bin vor einer Stunde aufgewacht und habe erkannt, daß in dem, was wir gestern als bewiesen betrachteten, eine große Lücke klafft.

B. Nein!

A. Ja, leider. Wir haben vergessen zu beweisen, daß $x + y$ eine *Zahl* ist.

B. Du machst wohl Spaß. Natürlich ist's eine Zahl; es ist doch die Summe zweier Zahlen! Oh, warte, ich verstehe ... wir müssen nachprüfen, ob Regel (1) erfüllt ist.

A. Ja, die Definition der Addition ist nicht berechtigt, wenn wir nicht beweisen können, daß $X_L + y < X_R + y$, $X_L + y < Y_R + x$ und $Y_L + x < X_R + y$ und $Y_L + x < Y_R + x$ ist.

B. Das würde aus (T13) und (T14) folgen, aber ... ich verstehe, was du meinst; wir haben (T13) und (T14) unter der Annahme bewiesen, daß die Summe zweier Zahlen eine Zahl ist. Wie bist du überhaupt auf dieses Problem gestoßen?

A. Ja, das ist recht interessant. Ich habe mich gefragt, was passierte, falls wir die Addition folgendermaßen definierten:

$$x \oplus y = (X_L \oplus Y_L, X_R \oplus Y_R).$$

Ich habe dies mit $\oplus$ bezeichnet, weil es ja offensichtlich nicht dasselbe wie + ist. Aber man konnte sehr leicht erkennen, daß $\oplus$ eine kommutative und assoziative Verknüpfung ist; deshalb wollte ich wissen, was dabei herauskommt.

B. Ich verstehe; die Summe von x und y liegt zwischen $X_L + Y_L$ und $X_R + Y_R$, so daß es sich vielleicht herausstellt, daß diese Definition einfacher ist als die von Conway.

A. Aber meine Hoffnungen waren bald zerschmettert, als ich entdeckte, daß gilt

$$0 \oplus x = 0 \quad \text{für alle } x.$$

B. Hmm! Vielleicht bedeutet $\oplus$ Multiplikation?

A. Dann bewies ich Folgendes: $1 \oplus x = 1$ für alle $x > 0$, $2 \oplus x = 2$ für alle $x > 1$ und $3 \oplus x = 3$ für alle $x > 2$ usw.

B. Ich verstehe; für alle positiven Zahlen m und n ist $m \oplus n$ das Minimum von m und n. Und das ist auch kommutativ und assoziativ. Es hat sich also herausgestellt, daß deine Verknüpfung $\oplus$ *doch* interessant ist.

A. Ja, und $\frac{1}{2} \oplus \frac{1}{2} = \frac{1}{2}$. Aber dann habe ich $(-\frac{1}{2}) \oplus \frac{1}{2}$ ausprobiert, und es ist mir kalt über den Rücken gelaufen.

B. Du meinst ...? Ich sehe schon, $(-\frac{1}{2}) \oplus \frac{1}{2} = (\{(-1) \oplus 0\}, \{0 \oplus 1\})$, und das ist wiederum $(\{0\}, \{0\})$.

A. Und das ist *keine* Zahl. Es erfüllt Regel (1) nicht.

B. Also war deine Definition von $\oplus$ nicht legal.

A. Und ich erkannte, daß man nicht einfach willkürlich Definitionen machen kann. Man muß zeigen, daß sie mit den anderen Regeln verträglich sind. Ein anderes Problem mit $\oplus$ war zum Beispiel, daß $(\{-1\}, \emptyset) \equiv 0$ ist, aber $(\{-1\}, \emptyset) \oplus 1 \not\equiv 0 \oplus 1$.

B. Gut, damit ist $\oplus$ ausgeschieden, aber ich glaube doch, daß wir die *echte* Definition von + fertigbringen können.

A. Ich weiß es nicht; ich habe dir gerade erzählt wie weit ich gekommen bin. Außer, daß ich noch über *Pseudozahlen* nachgedacht habe.

B. Pseudozahlen?

A. Angenommen wir nehmen (X_L, X_R), mit X_L nicht notwendigerweise $< X_R$; dann kann man Regel (2) immer noch verwenden, um die Beziehung $\leqslant$ zwischen solchen Pseudozahlen zu definieren.

B. Ich verstehe ... es ergibt sich zum Beispiel, daß $(\{1\}, \{0\})$ kleiner als zwei ist.

A. Richtig. Und ich habe gerade bemerkt, daß wir in unserem Beweis des Transitivgesetzes den $\not\geqslant$ Teil von Regel (1) nicht benützt haben, so daß dieses Gesetz auch für Pseudozahlen gilt.

B. Ja, ich kann mich erinnern, gesagt zu haben, daß man die ganze Regel (1) nicht vor (T2) braucht. Das scheint schon lange her zu sein.

A. Nun bereite dich auf einen Schock vor. Die Pseudozahl $(\{1\}, \{0\})$ ist weder ≤ 0 noch ≥ 0!

B. Unglaublich!

A. Ja. Ich glaube beweisen zu können, daß $(\{1\}, \{0\})$ genau dann $\leq$ einer Zahl y ist, falls $y > 1$, und es ist $\geq$ einer Zahl x genau dann, falls $x < 0$. Es steht zu keiner Zahl zwischen 0 und 1 in einer Beziehung.

B. Wo ist der Bleistift? Ich möchte das nachprüfen ... Ich glaube, du hast recht. Das ist lustig, wir beweisen Dinge über Größen, die gar nicht existieren.

A. Na ja, existieren Pseudozahlen denn weniger als Conways Zahlen? Was du meinst, ist dieses: Wir beweisen Dinge über Größen, die rein gedanklich sind, ohne Gegenstücke in der realen Welt als Verständnishilfe ... Erinnere dich, daß man einmal glaubte, daß $\sqrt{-1}$ eine imaginäre Zahl sei, und $\sqrt{2}$ wurde nicht einmal für eine „rationale" Zahl gehalten.

B. Conways Additionsregel für normale Zahlen ermöglicht auch das Addieren von Pseudozahlen. Ich frage mich, wohin das führen wird? Falls $x = (\{1\}, \{0\})$, dann ist $1 + x \dots (\{2\}, \{1\})$.

A. Und $x + x$ ist $(\{1 + x\}, \{x\})$, eine Pseudozahl zweiter Ordnung.

B. Reine Mathematik führt wirklich zur Gedankenerweiterung. Aber hast du bemerkt, daß $(\{1\}, \{0\})$ nicht einmal $\leq$ zu sich selbst ist?

A. Sehen wir mal, $x \leq x$ bedeutet $X_L < x < X_R$, daher könnte dies nur wahr sein, falls $X_L < X_R$ ist.

Nein, warte, wir dürfen bei Pseudozahlen nicht „<" anstelle von „$\not\geqslant$" verwenden, da (T4) ja nicht allgemein gilt. Wir müssen zur ursprünglichen Regel (2) zurückgehen, die besagt, daß $x \leqslant x$ genau dann gilt, falls $X_L \not\geqslant x$ und $x \not\geqslant X_R$. Daher *ist* ({1}, {0}) doch noch $\leqslant$ zu sich selbst.

B. Das sitzt! Ich bin froh, daß ich nicht recht hatte, denn jede Zahl sollte gleichartig zu sich selbst sein, auch wenn es eine Pseudozahl ist.

A. Vielleicht gibt es einige komplizierte Pseudozahlen, die nicht $\leqslant$ zu sich selbst sind. Man kann sich das schwer vorstellen, weil auch die Mengen X_L und X_R Pseudozahlen enthalten können.

B. Gehen wir zurück zum Beweis von (T3) und sehen wir, ob er standhält.

A. Eine gute Idee... He, derselbe Beweis stimmt auch für Pseudozahlen: x ist *immer* gleichartig zu x.

B. Das ist schön, aber ich fürchte, es führt uns nur vom Hauptproblem weg, nämlich ob + wohldefiniert ist oder nicht.

A. Na ja, unsere Beweise für $x + y = y + x$ und $0 + x = x$ und auch das Assoziativgesetz gelten für Pseudozahlen genauso wie für Zahlen. Falls die Ungleichheitssätze (T13) und (T14) auch für Pseudozahlen stimmen, dann ist + wohldefiniert.

B. Ich verstehe, das ist sehr schön! Bis jetzt wissen wir, daß (T1), (T3), (T5), (T9), (T10) und (T11) für alle Pseudozahlen gelten. Schauen wir uns (T13) und (T14) nochmals an.

A. Aber ich fürchte... oh, Bill! Gestern, als wir den Tagessummenbeweis für (T13) und (T14) akzeptierten, waren wir zu leichtgläubig. Es war zu schön, um wahr zu sein.

B. Was meinst du?

A. Wir haben durch Induktion bewiesen, daß $Z_L + x < y + z$ ist, nicht wahr? Um dahin zu kommen, benötigten wir zwei Schritte; erstens $Z_L + x \leq Z_L + y$ und dann $Z_L + y < z + y$. Durch Induktion erhalten wir wohl den ersten Teil, aber im zweiten Teil kommt (z_L, z, y) vor, das eine *größere* Tagessumme haben könnte als (x, y, z).

B. Da haben wir wirklich einen groben Fehler gemacht. Conway würde sich unseretwegen schämen.

A. Gottseidank haben wir dies gestern nicht bemerkt, sonst wäre uns der ganze Tag verdorben gewesen.

B. Ich glaube, das heißt: wir müssen zum Anfang zurück ... aber halt, wir sollten zuerst frühstücken.

13

13 Wiederherstellung

A. Wir haben das Mittagessen ausgelassen, Bill.
B. (marschiert auf und ab) Wirklich? Dieses dumme Problem macht mich ganz verrückt.
A. Nur auf das Papier zu starren, hilft uns auch nicht weiter. Wir brauchen eine Pause; vielleicht sollten wir etwas essen.
B. Was wir wirklich brauchen, ist eine neue Idee. Gib mir eine Idee, Alice.

A. (beginnt zu essen) Na gut, als wir früher einmal so im Kreis gedacht haben – wie sind wir denn da ausgebrochen? Meistens haben wir Induktion benützt; um zu zeigen, daß der Beweis in einer Richtung auf einen *früheren* Fall zurückzuführen war, und dieser wieder auf einen früheren usw., bis die Kette einmal aufhören muß.

B. Wie unser Schluß mit den Tagessummen.

A. Richtig. Eine andere Art aus dem Kreis auszubrechen, war die, *mehr* zu beweisen, als wir vorher zu benötigen glaubten. Ich meine damit, um die Induktion weiterführen zu können, bewiesen wir mehrere Sachen gleichzeitig.

B. Zum Beispiel, als du (T13) und (T14) kombiniert hast. In Ordnung, Alice, gleich nach dem Mittagessen werde ich mich hinsetzen und alles aufschreiben; alles, was wir beweisen müssen und vielleicht sogar mehr. Und ich werde versuchen, alles gleichzeitig durch Induktion zu beweisen. Nach der alten Art des Direktangriffs. Wenn das nicht geht, dann wird auch sonst nichts helfen.

A. Das klingt schwer, aber vielleicht ist es der beste Weg. Da, wir haben Haferkuchen ...

....

B. Nun fangen wir an. Wir wollen drei Dinge über Zahlen beweisen, und alle drei scheinen voneinander abzuhängen.

    I. $x + y$ ist eine Zahl.
    II. falls $x \leqslant y$, dann ist $x + z \leqslant y + z$
    III. falls $x + z \leqslant y + z$, dann ist $x \leqslant y$.

Falls ich mich nicht irre, folgt der Beweis von $I(x, y)$, wenn wir zuerst

    $I(X_L, y)$, $I(X_R, y)$,
    $I(x, Y_L)$, $I(x, Y_R)$,
    $III(X_R, X_L, y)$,

$\text{III}(x, X_L, y)$, $\text{II}(y, Y_R, x)$,
$\text{III}(y, Y_L, x)$, $\text{II}(x, X_R, y)$,
$\text{III}(Y_R, Y_L, x)$

bewiesen haben.

Unter anderem haben wir zum Beispiel zu beweisen, daß $X_L + y < Y_R + x$ ist. In anderen Worten, wir hätten vorher für alle x_L in X_L und alle y_R in Y_R zeigen müssen, daß $x_L + y < y_R + x$ ist. $\text{III}(x, x_L, y)$ und (T3) zeigen nun, daß $x_L + y < x + y$ ist, und $\text{II}(y, y_R, x)$ zeigt, daß $y + x < y_R + x$ ist. Nicht wahr?

A. Das schaut ganz gut aus; nur sehe ich nicht ein, warum du die ersten vier, von $\text{I}(X_L, y)$ bis $\text{I}(x, Y_R)$, miteingeschlossen hast. Auch wenn $x_L + y$ keine Zahl wäre, würde das nichts ausmachen. Alles, was wir wirklich wissen müssen, ist, daß x_L und y selber Zahlen sind. $<$ und $\leqslant$ sind schließlich ja auch für Pseudozahlen definiert und die Transitivgesetze ebenfalls.

B. Nein, Regel (1) besagt, daß Elemente des linken Teiles, wie zum Beispiel $x_L + y$, Zahlen sein müssen. Aber es macht eigentlich nichts aus. Falls wir $\text{I}(x, y)$ beweisen, können wir $\text{I}(x_L, y)$ annehmen usw. Die Induktion löst alles weitere.

A. Es ist kompliziert; aber mach weiter, das schaut verheißungsvoll aus.

B. Dieser Zugang *muß* sich bewähren, oder wir sind verloren. Gut, der Beweis von $\text{II}(x, y, z)$, nämlich (T13), folgt, wenn wir vorher

$\text{III}(y, X_L, z)$
$\text{II}(x, y, Z_L)$, $\text{III}(z, Z_L, y)$,
$\text{III}(Y_R, x, z)$,
$\text{II}(x, y, Z_R)$, $\text{III}(Z_R, z, x)$

bewiesen haben.

Das ist komisch — hier *braucht* man I(x, y) eigentlich *nicht*. Wie kommt es, daß wir gedacht haben, wir hätten zu beweisen, daß die Summe zweier Zahlen eine Zahl ist, bevor wir (T13) beweisen?

A. Das war noch bevor wir viel über Pseudozahlen wußten. Es ist eigenartig, wie eine fixe Idee als eine geistige Sperre bleiben kann. Erinnerst du dich? Das war der erste Grund, warum wir sagten, daß es schwer sein wird zu beweisen, daß $x + y$ eine Zahl ist, weil wir dachten, daß (T13) darauf beruht. Nachdem wir herausgefunden hatten, daß Pseudozahlen die Transitivgesetze erfüllen, vergaßen wir, die ursprüngliche Quelle des Problems noch einmal zu betrachten.

B. So führt uns diese Methode des großen Überblicks doch irgendwohin, und wenn sie auch nur hilft, unsere Gedanken zu ordnen. Zwei sind nun erledigt und eines bleibt noch übrig. Der Beweis von III(x, y, z) beruht darauf, daß wir

II(X_L, y, z)   und
II(x, Y_R, z)

wissen.

A. Und wiederum brauchen wir I(x, y) nicht. Das heißt wir können (T13) und (T14) einfach beweisen, ohne uns darum kümmern zu müssen, ob $x + y$ eine Zahl ist oder nicht.

B. Ich verstehe — später dann wird sich auf Grund von (T13) und (T14) herausstellen, daß $x + y$ eine Zahl ist. Großartig!

A. Nun hängen II und III voneinander ab, und wir können sie wieder wie vorher zu einer einzigen Aussage zusammenfassen.

B. Sehr richtig. Schau, falls ich $IV(x, y, z)$ anstelle der kombinierten Aussagen $II(x, y, z)$ und $III(x, y, z)$ nehme, dann zeigen meine Listen, daß $IV(x, y, z)$ auf

$IV(y, X_L, z),\quad IV(x, y, Z_L),\quad IV(z, Z_L, y),$
$IV(Y_R, x, z),\quad IV(x, y, Z_R),\quad IV(Z_R, z, x),$
$IV(X_L, y, z),\quad IV(x, Y_R, z)$

beruht.

Ich glaube, es war eine gute Idee, diese neue Schreibweise, wie $I(x, y)$ usw., einzuführen, weil sie das Muster klarer ersichtlich macht. Alles was noch zu tun bleibt, ist eine Induktionsvoraussetzung zusammenzubasteln, die von diesen sechs Sachen zu $IV(x, y, z)$ führt.

A. Aber ... das geht nicht. Schau, $IV(x, y, z)$ hängt von $IV(z, z_L, y)$ ab, das von $IV(y_R, y, z)$ abhängt, was wiederum von $IV(z, z_L, y)$ abhängt; und wir gehen wieder im Kreis. Es ist dasselbe dumme Problem, das mir vorher auffiel, und nun wissen wir, daß es kritisch ist.

B. (klopft auf den Boden) *Oh nein!* ... Da ist noch eine Sache, die ich ausprobieren möchte, bevor ich aufgebe. Fangen wir noch einmal von vorne an und beweisen wir eine allgemeinere Version von (T13):

V. Falls $\quad x \leqslant x'\quad$ und $\quad y \leqslant y',$
dann gilt $\quad x + y \leqslant x' + y'.$

Das ist es ja, was wir in unseren Beweisen wirklich benützen, anstatt mit (T13) zwei Schritte zu machen. Und es ist symmetrisch; vielleicht hilft das.

A. Wir werden auch eine Umkehrung brauchen, eine Verallgemeinerung von (T14).

B. Ich glaube, was wir brauchen, ist Folgendes:

VI. Falls $x + y \geq x' + y'$ und $y \leq y'$,
dann gilt $x \geq x'$.

A. Deine Schreibweise, mit ‚Strich' und allem Drum und Dran wirkt sehr professionell.

B. (konzentriert sich) Vielen Dank. Der Beweis von $V(x, x', y, y')$ hängt nun von

$VI(X_L, x', y, y')$,
$VI(Y_L, y', x, x')$,
$VI(x, X'_R, y, y')$ und
$VI(y, Y'_R, x, x')$

ab.

He, das ist wirklich leichter als das andere, die Symmetrie hilft. Schließlich, um $VI(x, x', y, y')$ zu beweisen, brauchen wir die ... die Ungewißheit bringt mich um, ich kann nicht denken ...

$V(x, X'_L, y, y')$, $V(X_R, x', y, y')$.

A. (springt auf) Schau, ein Schluß über die Tagessummen, angewendet auf die Kombination von V und VI, beendet nun die Induktion.

B. (umarmt sie) Wir haben gewonnen!

A. Bill, ich kann es kaum glauben, aber unser Beweis dieser zwei Aussagen gilt tatsächlich auch für alle Pseudozahlen x, x', y und y'.

B. Alice, das war eine Menge Arbeit, aber es ist das Schönste, was ich je gesehen habe.

A. Ja, wir haben viel Energie auf das verschwendet, was wir gestern beide für selbstverständlich hielten.

Ich frage mich, ob Conway einen einfacheren Weg hatte, dies zu beweisen? Vielleicht, aber mir gefällt unserer trotzdem besser, weil er uns eine Menge über Beweismethoden gelehrt hat.

B. Heute hätte eigentlich der Tag sein sollen, an dem wir die Multiplikation bearbeiten.

A. Wir sollten jetzt besser nicht damit anfangen, es könnte wieder unseren Schlaf zunichte machen.

Verwenden wir den Rest des Nachmittags dazu, einen Beweis dafür zu finden, daß $-x$ eine Zahl ist, wann immer x eine Zahl ist.

B. Eine gute Idee; das sollte nun eigentlich leicht sein. Ich frage mich auch, ob wir etwas darüber herausfinden können, wie die Negation auf Pseudozahlen wirkt.

14 Das Universum

B. (räkelt sich) Guten Morgen, Liebling. Sind dir während der Nacht noch weitere Fehler in unserer Mathematik eingefallen?

A. Nein, und dir?

B. Du *weißt,* daß ich nie nach Fehlern suche. Aber eines ist mir aufgefallen: wir glauben, nun Regeln zu haben, die alle Zahlen erschaffen, aber tatsächlich tritt $\frac{1}{3}$ niemals auf. Erinnere dich, ich habe es am „vierten Tag" erwartet, aber die Zahl stellte sich als $\frac{1}{4}$ heraus. Zuerst hab' ich mir gedacht, na gut, $\frac{1}{3}$ ist eben etwas langsamer, aber früher oder später wird es auftauchen. Gerade jetzt fiel mir auf, daß wir alle Zahlen analysiert haben, aber $\frac{1}{3}$ ist immer noch nicht vorgekommen.

A. Alle Zahlen, die erschaffen worden sind, haben eine endliche Darstellung im binären Zahlensystem. Ich denke zum Beispiel an $3\frac{5}{8}$ = 11,101 im binären System. Andererseits *wird* jede Zahl mit einer endlichen Darstellung im binären System wirklich früher oder später erschaffen! Wie etwa $3\frac{5}{8}$, das am ... achten Tag erschaffen wurde.

B. Binäre Zahlen werden im Computer verwendet. Vielleicht wollte Conway eine computerisierte Welt schaffen. Aber wie schaut denn die binäre Darstellung von $\frac{1}{3}$ überhaupt aus?

A. Ich weiß es nicht, aber es muß eine geben.

B. Oh, ich erinnere mich. Man macht so eine Art langer Division, aber mit der Basis 2 anstelle von 10. Schauen wir mal ... Ich bekomme

$\frac{1}{3}$ = 0,0101010101 ...

usw. ad infinitum. Es hört nicht auf und deshalb ist es nicht erschaffen worden.

A. "Ad infinitum". Das erinnert mich an den letzten Teil der Inschrift. Was glaubst du, daß der Stein mit dem Tag $\aleph$ und all dem meint?

B. Für mich klingt das wie ein metaphysischer oder religiöser Lobgesang auf das Zahlensystem. Typisch für alte Schriften. Andererseits ist es eigenartig, daß Conway immer noch da war, nach unendlich vielen Tagen. „Bis ans Ende der Zeit", aber die Zeit hatte noch nicht aufgehört.

A. Du bist heute in großartiger Form.

B. Ich glaube, daß Conway nach unendlich vielen Tagen alle diese binären Zahlen überblickte, die er erschaffen hatte und ... Mein Gott! Ich wette, er hat *nicht* aufgehört.

A. Du hast recht! Ich habe früher nie daran gedacht, aber der Stein scheint zu sagen, daß er weitermachte. Und... sicherlich, er bekommt weitere Zahlen, weil er zum ersten Mal X_L und X_R als unendliche Mengen wählen kann!

B. Vielleicht vergeht die Zeit nicht mit einer konstanten Geschwindigkeit. Ich meine, für uns scheinen die Tage von gleicher Länge zu sein; aber von Conways Standpunkt könnten sie, während er in unser Universum hereinspäht, schneller und schneller vergehen nach einer absoluten, außerirdischen Art der Zeitmessung. Zum Beispiel dauert der erste Erdentag genau einen himmlischen Tag, aber der zweite Erdentag dauert nur einen halben himmlischen Tag und der nächste einen viertel usw. Und dann, nach zwei ganzen himmlischen Tagen: Schluß. Unendlich viele Erdentage sind vergangen, und wir können wieder weitermachen.

A. Ich habe nie daran gedacht, aber es erscheint sinnvoll. Irgendwie sind wir nun genau in Conways Position, nachdem unendlich viele Erdentage vergangen sind. Weil wir wirklich alles *wissen*, was sich bis zum Tag $\aleph$ ereignet hat.

B. (gestikuliert) Ein *weiterer* Pluspunkt für die Mathematik: unser endlicher Verstand kann das Unendliche begreifen.

A. Auf jeden Fall das abzählbar Unendliche.

B. Aber die reellen Zahlen sind nicht abzählbar, und wir können auch sie erfassen.

A. Ich glaube deshalb, weil jede reelle Zahl eine mögliche Darstellung als Dezimalzahl hat.

B. Oder als binäre Zahl.

A. He! Nun weiß ich, was am Tag ℵ geschah — die reellen Zahlen wurden erschaffen!
B. (seine Augen treten hervor) Bei Gott! Ich glaube, du hast recht.
A. Sicher; wir erhalten $\frac{1}{3}$, indem wir X_L, in binärer Schreibweise etwa

{0,01, 0,0101, 0,010101, 0,01010101, ...}

wählen, und X_R bestünde aus Zahlen, die sich von oben her $\frac{1}{3}$ mehr und mehr annähern, wie

{0,1, 0,011, 0,01011, 0,0101011, 0,010101011, ...}.
B. Und eine Zahl wie π wird ungefähr auf die selbe Art erschaffen. Ich kenne die binäre Darstellung von π nicht, aber nehmen wir an, sie sei

π = 11,00100100001111 ...;

wir erhalten Π_L, wenn wir bei jeder „1" stoppen

Π_L = {11,001, 11,001001, 11,00100100001, ...}

und Π_R, wenn wir bei der „0" stoppen und 1 hinzufügen

Π_R = {11,1, 11,01, 11,0011, 11,00101, ...}.
A. Es gibt viele andere Mengen, die man für Π_L und Π_R verwenden könnte, tatsächlich unendlich viele. Aber sie ergeben alle solche Zahlen, die zu dieser äquivalent sind, weil es die erste erschaffene Zahl ist, die größer als Π_L und kleiner als Π_R ist.
B. (umarmt sie wieder) *Das* ist's also, was der Conwaystein meint, wenn er sagt, daß das Universum am Tag ℵ er schaffen worden ist: die reellen Zahlen sind das Universum.

Hast du jemals von der Urknalltheorie gehört, von der die Kosmologen reden? Das ist's, der Tag ℵ : „Bäng!"

A. (hört nicht zu) Bill, am Tag ℵ wird auch noch eine *andere* Zahl erschaffen, die nicht im System der reellen Zahlen ist. Es sei X_R die leere Menge und

$X_L = \{1, 2, 3, 4, 5, ...\}$.

Diese Zahl ist größer als *alle* anderen.

B. Unendlich! Nicht möglich!

A. Ich denke, ich werde sie mit dem griechischen Buchstaben ω bezeichnen, der hat mir schon immer gefallen. – ω wurde auch erschaffen, nämlich minus unendlich.

B. Der Tag ℵ war sehr, sehr ausgefüllt.

A. Am *nächsten* Tag nun —

B. Du meinst ℵ war nicht das Ende!

A. Aber nein; warum sollte Conway gerade dann aufhören? Ich habe eine Ahnung, daß er erst gerade so richtig in Schwung kam. Der Prozeß hört nie auf, weil man X_R immer als die leere Menge und X_L als die Menge aller bisher erschaffenen Zahlen wählen kann.

B. Aber sonst gibt es am Tag nach ℵ nicht viel zu *tun*, da die reellen Zahlen ja so dicht beieinander liegen. Der endliche Teil des Universums ist nun erledigt, da es keinen Platz mehr gibt, noch weitere Zahlen zwischen zwei „angrenzende" Zahlen einzufügen.

A. Nein, Bill; das hab' *ich* auch gedacht, bis du es jetzt gerade gesagt hast. Ich glaube, das beweist nur, daß ich gerne mit dir diskutiere. Warum wählen wir nicht $X_L = \{0\}$ und $X_R = \{1, \frac{1}{2}, \frac{1}{3}, \frac{1}{4}, \frac{1}{5}, ...\}$. Das ergibt eine Zahl, die *größer* als null und *kleiner* als jede positive reelle Zahl ist! Wir könnten sie ϵ nennen.

B. (wird bleich) ... schon gut, es geht schon wieder. Aber das ist fast *zu* viel; ich meine, es muß doch eine Grenze geben.

Was mich am meisten überrascht ist, daß deine Zahl ϵ tatsächlich am Tag $\aleph$ erschaffen worden ist, und *nicht* am Tag danach: du hättest nämlich

$$X_R = \{1, \tfrac{1}{2}, \tfrac{1}{4}, \tfrac{1}{8}, \tfrac{1}{16} \ldots\}$$

wählen können. Es gibt da auch noch eine Menge anderer verrückter Zahlen, wie etwa dieser

$$(\{1\}, \{1\tfrac{1}{2}, 1\tfrac{1}{4}, 1\tfrac{1}{8}, 1\tfrac{1}{16}, \ldots\}),$$

die gerade um ein Haar größer als 1 ist.

Und ich vermute zu allen Zahlen, wie etwa zu π, gibt es eine Zahl wie diese, die ganz knapp daneben ist, ... nein, das kann nicht sein ...

A. Diejenige, die gerade größer ist als π, kommt erst am Tag nach $\aleph$. Nur abbrechende binäre Zahlen bekommen am Tag $\aleph$ einen beliebig nahen Nachbar.

B. Und am Tag nach $\aleph$ erhalten wir auch eine Zahl *zwischen* 0 und ϵ. Und du denkst, daß Conway gerade erst in Schwung kommt.

A. Das Beste ist eigentlich, Bill, daß wir nicht nur die reellen Zahlen und unendlich haben und alle dazwischen ... wir haben auch Regeln, die uns sagen, welche von zwei Zahlen größer ist, und wie man sie *addiert* und *subtrahiert*.

B. Das *stimmt*. Wir bewiesen alle diese Regeln in dem Bewußtsein, schon zu *wissen*, was wir beweisen — es war nur ein Spiel, alle die traditionellen Regeln von Conways wenigen Regeln abzuleiten. Aber nun sehen wir, daß unsere Beweise auch auf unendlich viele, bisher unbekannte Fälle zutreffen! Die Zahlen werden nur durch unsere Phantasie begrenzt, und unser Bewußtsein erweitert sich, und ...

A. Weißt du, all dies ist eine Art religiöses Erlebnis für mich. Ich beginne, ein besseres Verständnis von Gott zu bekommen. Wie zum Beispiel: Er ist überall ...
B. Sogar zwischen den reellen Zahlen.
A. Ach laß das, ich mein' es ernst.

15 Unendlich

....

B. Ich habe ein paar Berechnungen mit unendlich angestellt. Regel (3) etwa besagt direkt, daß

$$\omega + 1 = (\{\omega, 2, 3, 4, 5, \ldots\}, \emptyset)$$

ist, was sich zu

$$\omega + 1 \equiv (\{\omega\}, \emptyset)$$

vereinfachen läßt.

A. Das ist einen Tag nach dem Tag $\aleph$ erschaffen worden.
B. Richtig, und
$$\omega + 2 \equiv (\{\omega + 1\}, \emptyset)$$
wieder einen Tag später. Ebenso
$$\omega + \tfrac{1}{2} \equiv (\{\omega\}, \{\omega + 1\}).$$
A. Und wie steht's mit $\omega - 1$?
B. $\omega - 1$! Ich habe nie daran gedacht, von unendlich zu subtrahieren, da eine Zahl kleiner unendlich ja endlich sein soll. Aber wir können uns ja bemühen, es mit Hilfe der Regeln herauszubekommen, und sehen, was passiert. ... Schau dir das an,
$$\omega - 1 \equiv (\{1, 2, 3, 4, \ldots\}, \{\omega\}).$$
Natürlich — es ist die als erste erschaffene Zahl, die größer als alle ganzen Zahlen, jedoch kleiner als ω ist.
A. Also *das* ist es, was der Stein mit einer unendlichen Zahl kleiner als unendlich gemeint hat.
   Schau, ich hab' schon wieder was für dich. Was ist $\omega + \pi$?
B. Das ist leicht:
$$\omega + \pi \equiv (\omega + \Pi_L, \omega + \Pi_R).$$
Das ist am Tag $(2\aleph)$ erschaffen worden! Ebenso $\omega + \epsilon$ und $\omega - \epsilon$.
A. Oho! Dann muß es ja auch eine Zahl 2ω geben. Ich meine $\omega + \omega$.
B. Aber ja,
$$\omega + \omega = (\{\omega + 1, \omega + 2, \omega + 3, \omega + 4, \ldots\}, \emptyset).$$
Ich glaube, wir können dies 2ω nennen, obwohl wir die Multiplikation noch nicht haben. Wir werden später aber sicherlich beweisen, daß $(x + y)z \equiv xz + yz$ gilt. Das bedeutet $2z \equiv (1 + 1)z \equiv z + z$.

A. Richtig. Und
$$3\omega = (\{2\omega + 1, 2\omega + 2, 2\omega + 3, 2\omega + 4, \ldots\}, \emptyset)$$
wird am Tag ($3\aleph$) erschaffen werden usw.
B. Wir haben uns noch nicht mit der Multiplikation beschäftigt, aber ich bin drauf und dran zu wetten, daß ω mal ω folgendermaßen ausschauen wird:
$$\omega^2 = (\{\omega, 2\omega, 3\omega, 4\omega, \ldots\}, \emptyset).$$
A. Erschaffen am Tag $\aleph^2$. Stell dir nur vor, was Conway während dieser Zeit mit all den kleineren Zahlen gemacht haben muß.
B. Weißt du, Alice, daß mich das an ein Wettspiel erinnert, das wir in meiner Kindheit in unserer Straße gespielt haben. Immer wieder einmal würde einer von uns anfangen herumzuschreien, wer wohl die größte Zahl wisse. Sehr bald erfuhr einer von seinem Vater, daß unendlich die größte Zahl sei. Aber ich übertrumpfte ihn noch, indem ich rief „unendlich plus eins". Na ja, am nächsten Tag erreichten wir unendlich plus unendlich, und bald waren wir bei unendlich mal unendlich angelangt.
A. Und was geschah dann?
B. Nachdem wir „unendlichunendlichunendlichunendlich..." erreicht hatten, das sooft wie möglich ohne dazwischen atemzuholen zu sagen war, gaben wir das Spiel auf.
A. Aber es sind immer noch eine Menge Zahlen übrig. Etwa
$$\omega^\omega = (\{\omega, \omega^2, \omega^3, \omega^4, \ldots\}, \emptyset).$$
Und wir sind immer noch erst am Anfang.
B. Du meinst es gibt ω^{ω^ω}, $\omega^{\omega^{\omega^\omega}}$ und den Grenzwert davon usw. Warum habe ich als Kind nicht daran gedacht?
A. Das ergibt einen ganz neuen Ausblick... Aber ich fürchte, unsere Beweise stimmen nicht mehr, Bill.

B. Was? Nicht noch einmal. Wir haben doch alles schon festgelegt. Aha. Ich glaube, ich sehe schon, worauf du hinaus willst. Die Tagessummen.

A. Richtig. Wir können nicht mit Induktion über die Tagessummen schließen, weil ja auch sie unendlich sein können.

B. Vielleicht lassen sich unsere Sätze gar nicht auf die unendlichen Fälle anwenden. Wenn ja, wäre es natürlich sehr schön. Welch ein Machtgefühl, Sachen über all diese Zahlen zu beweisen, von denen wir bis jetzt nicht einmal geträumt haben!

A. Wir hatten keine besonderen Schwierigkeiten bei unseren Proberechnungen mit unendlichen Zahlen. Laß mich ein wenig darüber nachdenken.

....

Alles in Ordnung, ich glaube wir brauchen die „Tagessummen" nicht.

B. Wie hast du das gemacht?

A. Na ja, erinnere dich, wie wir zuerst bei den „schlechten Zahlen" an Induktion dachten. Wir hatten folgendes zu zeigen: falls ein Satz etwa für x nicht zutrifft, dann trifft er auch für irgendein Element x_L aus X_L nicht zu, und dann auch nicht für irgendein x_{LL} aus X_{LL} usw. Wenn aber jede solche Folge letztlich endlich ist, ich meine, wenn wir letztlich den Fall $X_{LLLL...L}$ ist leer, erreichen müssen, dann muß der Satz ja vom Anfang an gegolten haben.

B. (pfeift) Ich verstehe. Zum Beispiel in unserem Beweis, daß $x + 0 = x$ ist, haben wir $x + 0 = (X_L + 0, X_R + 0)$. Wir wollen nach Induktionsannahme $x_L + 0 = x_L$ für alle x_L in X_L als bewiesen betrachten. Falls diese Annahme falsch ist, dann wurde nicht gezeigt, daß $x_{LL} + 0$

für irgendein x_{LL} gleich x_{LL} ist; oder vielleicht ist irgendein x_{LR} der Missetäter. Jedes Gegenbeispiel würde eine unendliche Folge von Gegenbeispielen implizieren.

A. Alles, was zu tun übrig bleibt, ist zu zeigen, daß es keine unendliche, ursprüngliche Zahlenfolge

$$x_1, x_2, x_3, x_4, \ldots$$

gibt, so daß x_{i+1} in $X_{iL} \cup X_{iR}$ liegt.

B. Das ist gut gesagt.

A. Und es stimmt auch, weil jede Zahl (sogar jede Pseudozahl) aus *vorher erschaffenen* erschaffen wird. Wann immer wir eine neue Zahl x erschaffen, könnten wir gleichzeitig beweisen, daß es keine unendliche, ursprüngliche Folge gibt, die mit $x_1 = x$ beginnt, weil wir vorher gezeigt haben, daß es keine unendliche Folge gibt, die mit einer der zur Wahl stehenden Möglichkeiten für x_2, in X_L oder X_R, weiterführt.

B. Das ist logisch, und schön ... Aber es klingt fast so, als würdest du die Gültigkeit der Induktion mit Hilfe der Induktion beweisen.

A. Ich glaube, du hast recht. Das muß eigentlich eine Art Axiom sein, das die intuitive Vorstellung von „vorher erschaffen" formalisiert, über die wir in Regel (1) hinweggegangen sind. Ja, das ist's. Regel (1) hat eine viel festere Grundlage, wenn wir sie so formulieren.

B. Was du gesagt hast, erstreckt sich nur auf den Fall mit einer Variablen. Wir haben unseren Schluß mit den Tagessummen aber für zwei, drei und sogar vier Variable verwendet, wo die Induktion für (x, y, z) von Dingen wie (y, z, x_L) usw. abhängt.

A. Genau. Aber in jedem Fall führt die Induktion auf irgendeine *Permutation* der Variablen zurück, in der mindestens eine von ihnen einen zusätzlichen Index L oder R bekam.

Dies bedeutet glücklicherweise, daß es keine unendlichen Ketten wie

$$(x, y, z) \to (y, z, x_L) \to (z_R, y, x_L) \to \ldots$$

usw. geben kann. Gäbe es das, dann hätte zumindest eine der Variablen für sich eine unendliche, ursprüngliche Kette, im Gegensatz zu Regel (1).

B. (umarmt sie wieder einmal) Alice, ich liebe dich auf unendlich viele Arten.

A. (kichert) „Und wie liebe ich dich? Laß mich die Arten zählen." $1, \omega, \omega^2, \omega^\omega, \omega^{\omega^{\omega^{\cdot^{\cdot^{\cdot^\omega}}}}}, \ldots$

B. Mir kommt es immer noch vor, daß wir das Problem mit unendlich auf eine hinterhältige und vielleicht verdächtige Art und Weise gelöst haben. Obwohl ich nichts Falsches an deiner Begründung erkenne, bleibe ich argwöhnisch.

A. Meiner Ansicht nach besteht darin der Unterschied zwischen Beweis und Berechnung. Im endlichen Fall, als wir nur über Zahlen sprachen, die vor dem Tag ℵ erschaffen wurden, gab es keinen wesentlichen Unterschied. Aber nun gibt es eine klare Unterscheidung zwischen dem Beweis und der Fähigkeit zum Berechnen. Es gibt keine unendlich langen, ursprünglichen Folgen; beliebig lang aber können sie sein, auch wenn sie mit der gleichen Zahl beginnen. $\omega, n, n-1, \ldots, 1, 0$ ist zum Beispiel eine ursprüngliche Folge von ω, für alle n.

B. Richtig. Ich habe gerade über die ursprünglichen Folgen von ω^2 nachgedacht. Sie sind natürlich alle endlich, aber sie können so lang sein, daß die Endlichkeit nicht offensichtlich ist.

A. Diese unbegrenzte Endlichkeit bedeutet, daß wir gültige Beweise liefern können, daß zum Beispiel $2 \times \pi = \pi + \pi$ ist, aber nicht notwendigerweise, daß wir $\pi + \pi$ in einer endlichen Anzahl von Schritten berechnen können. Nur Gott kann die Berechnung vollenden, aber wir können die Beweise durchführen.

B. Betrachten wir einmal $\pi + \pi = (\pi + \Pi_L, \pi + \Pi_R)$, das ... Ja, ja, ich verstehe, es gibt unendlich viele Verzweigungen in der Berechnung, aber sie hören alle nach endlich vielen Schritten auf.

A. Das schönste bei dieser Art von Induktion ist, daß wir den „Ausgangsfall" nie extra beweisen mußten. So, wie ich Induktion gelernt habe, mußten wir die Aussage immer für $n = 1$ oder so etwas beweisen. Irgendwie sind wir darum herumgekommen.

B. Weißt du, ich glaube, ich verstehe zum ersten Mal die wirkliche Bedeutung der Induktion. Und ich kann kaum darüber hinwegkommen, daß unsere Theorie sowohl die unendlich großen, die unendlich kleinen, als auch die endlichen Zahlen in Binärdarstellung umfaßt.

A. Mit der möglichen Ausnahme von (T8), das Aussagen über die „zuerst erschaffene Zahl" mit einer bestimmten Eigenschaft macht. Wir müßten eine Definition haben, die herausbringt, was das bedeutet. ... Ich glaube wir könnten jedem Tag eine Zahl zuordnen, etwa die größte, die jeweils an diesem Tag erschaffen wird, und die Tage auf diese Art und Weise ordnen ...

B. Ich kann dir so halbwegs folgen. Mir ist aufgefallen, daß eine Zahl dann die größte am jeweiligen Tag erschaffene zu sein scheint, wenn X_R leer ist und X_L alle vorher erschaffenen Zahlen enthält.

A. Vielleicht erklärt das, warum es einen Tag $\aleph$, einen Tag $(\aleph + 1)$, aber keinen Tag $(\aleph - 1)$ gibt.

B. Ja, ich glaube schon, aber das ist alles zu tiefsinnig für mich. Ich bin bereit, mich auf die Multiplikation zu stürzen; du nicht auch?

16 Multiplikation

A. Laß mich das nochmals anschauen, wo du Conways Multiplikationsregel niedergeschrieben hast. Es muß einen Weg geben, sie in Symbole zu übertragen ... Hmm, wir wissen schon, was er mit einem „Teil derselben Art" meint.

B. Alice, das ist zu schwer. Versuchen wir doch, eine eigene Regel für die Multiplikation zu erfinden, anstatt diese Botschaft zu entziffern. Warum machen wir es nicht genauso wie er bei der Addition. Ich meine, xy sollte zwischen $X_L y \cup x Y_L$ und $X_R y \cup x Y_R$ liegen. Dies sollte auf jeden Fall erfüllt sein, wenn man die negativen Zahlen ausschließt.

A. Aber diese Definition wäre ja identisch mit der Addition, und so wäre das Produkt dasselbe wie die Summe.

B. Halt, so wäre es ... Gut, ich bin bereit, Conways Lösung zu schätzen; schauen wir uns den Zettel an.

A. Nimm' dir's nicht zu Herzen, du hast genau die richtige Einstellung. Erinnere dich daran, was wir gesagt haben, daß man die Dinge immer zuerst selbst versuchen soll.

B. Ich glaube, das ist eine von den Sachen, die wir gelernt haben.

A. Das ist alles, was ich herausfinden kann: Conway läßt die linke Menge von xy aus allen Zahlen der Form

$$x_L y + x y_L - x_L y_L \quad \text{oder} \quad x_R y + x y_R - x_R y_R$$

bestehen, und die rechte Menge enthält alle Zahlen der Form

$$x_L y + x y_R - x_L y_R \quad \text{oder} \quad x_R y + x y_L - x_R y_L.$$

Du siehst, die linke Menge bekommt die „gleiche Art" und die rechte Menge die „entgegengesetzte Art" von Teilen. Ist diese Definition überhaupt sinnvoll?

B. Laß sehen, sie schaut komisch aus. Na ja, xy soll größer als sein linker Teil sein; gilt denn

$$xy > x_L y + x y_L - x_L y_L \,?$$

Das ist ... ja, es ist äquivalent zu

$$(x - x_L)(y - y_L) > 0.$$

A. Das stimmt; das Produkt positiver Zahlen muß positiv sein! Die anderen drei Bedingungen dafür, daß xy zwischen seiner linken und rechten Menge liegt, besagen im Grunde folgendes:

$(x_R - x)(y_R - y) > 0,$
$(x - x_L)(y_R - y) > 0,$
$(x_R - x)(y - y_L) > 0.$

Gut, die Definition schaut vernünftig aus, obwohl wir noch nichts bewiesen haben.

B. Bevor wir uns hinreißen lassen, die wichtigsten Gesetze für die Multiplikation zu beweisen, möchte ich, nur um sicher zu gehen, ein paar ganz einfache Fälle überprüfen. Sehen wir mal ...

$xy = yx;$ (T20)

$0y = 0;$ (T21)

$1y = y.$ (T22)

A. Gut, null mal unendlich ist null. Ein anderes einfaches Ergebnis ist folgendes:

$-(xy) = (-x)y.$ (T23)

B. Nur so weiter. Schau, hier ist etwas Lustiges:

$\frac{1}{2}x \equiv (\frac{1}{2}X_L \cup (x - \frac{1}{2}X_R), (x - \frac{1}{2}X_L) \cup \frac{1}{2}X_R).$ (T24)

A. He, ich habe mich immer schon gefragt, was die *Hälfte von unendlich* ist.

B. Die Hälfte von unendlich! ... Hier ist's.

$\frac{1}{2}\omega \equiv (\{1, 2, 3, 4, \ldots\}, \{\omega - 1, \omega - 2, \omega - 3, \omega - 4, \ldots\}).$

Es ist interessant zu beweisen, daß $\frac{1}{2}\omega + \frac{1}{2}\omega = \omega$ ist; Oh, hier ist noch was Schönes:

$\epsilon\omega \equiv 1.$

Es stellt sich heraus, daß unsere infinitesimale Zahl zu unendlich reziprok ist!

A. Während du das gemacht hast, habe ich mir die Multiplikation ganz allgemein angeschaut. Für Pseudozahlen schaut es nicht gut aus — ich habe eine Pseudozahl p gefunden, für die $(\{1\}, \emptyset)p$ nicht gleichartig zu $(\{0, 1\}, \emptyset)p$ ist, obwohl $(\{1\}, \emptyset)$ und $(\{0, 1\}, \emptyset)$ beide gleich 2 sind. Trotz dieser Schwierigkeit habe ich deine Methode des großen Überblicks angewandt, und ich denke, es ist möglich, für beliebige Pseudozahlen folgendes zu beweisen:

$$x(y + z) \equiv xy + xz, \tag{T25}$$

$$x(yz) \equiv (xy)z \tag{T26}$$

und falls $x > x'$ und $y > y'$ für beliebige Zahlen,

$$\text{dann gilt} \quad (x - x')(y - y') > 0. \tag{T27}$$

Es folgt, daß xy eine Zahl ist, wann immer x und y Zahlen sind.

B. Mit (T27) kann man für alle Zahlen folgendes zeigen:

$$\text{falls} \quad x \equiv y, \quad \text{dann ist} \quad xz \equiv yz. \tag{T28}$$

Und damit sind alle Berechnungen, die wir durchgeführt haben, völlig stichhaltig.

Ich glaube, damit ist alles erledigt, was der Stein sagt. Außer vielleicht dem vagen Hinweis auf „Reihen, Quotienten und Wurzeln".

A. Hmm ... Wie steht's mit der Division! ... Ich wette, daß man, falls x zwischen 0 und 1 liegt, folgendes beweisen kann:

$$1 - \frac{1}{1 + x} \equiv (\{x, x - x^2 + x^3, x - x^2 + x^3 - x^4 + x^5, \ldots\},$$
$$\{x - x^2, x - x^2 + x^3 - x^4, \ldots\}).$$

Auf jeden Fall haben wir für $x = \frac{1}{2}$ auf diese Weise $\frac{1}{3}$ erhalten. Vielleicht werden wir mit dieser Methode zeigen können, daß jede Zahl ungleich null einen Kehrwert hat.

B. Alice! Weide deine Augen daran!
$$\sqrt{\omega} \equiv (\{1, 2, 3, 4, \ldots\}, \{\frac{\omega}{1}, \frac{\omega}{2}, \frac{\omega}{3}, \frac{\omega}{4}, \ldots\}).$$
$$\sqrt{\epsilon} \equiv (\{\epsilon, 2\epsilon, 3\epsilon, 4\epsilon, \ldots\}, \{\frac{\epsilon}{1}, \frac{\epsilon}{2}, \frac{\epsilon}{3}, \frac{\epsilon}{4}, \ldots\}).$$

A. (fällt in seine Arme) Bill! Jede Entdeckung führt weiter und weiter!

B. (wirft einen Blick auf den Sonnenuntergang) Es gibt noch unendlich viele Dinge zu tun ... und nur eine endliche Spanne Zeit ...

Der Leser wird erraten haben, daß dies keine wahre Geschichte ist. Dennoch gibt es J.H.W.H. Conway — er ist Professor John Horton Conway von der Universität Cambridge. Der wirkliche Conway hat, neben den hier erwähnten Ergebnissen, weitere bemerkenswerte Eigenschaften dieser „Extraordinalzahlen" nachgewiesen. Jedes Polynom ungeraden Grades mit beliebigen Zahlen als Koeffizienten, zum Beispiel, hat eine Wurzel. Ebenso entspricht jede Pseudozahl p einer Position in einem Zweipersonenspiel zwischen den Spielern Links und Rechts, wobei folgende vier Relationen

$p > 0 \qquad p < 0$
$p = 0 \qquad p \parallel 0$

jeweils den vier Zuständen

Links gewinnt, Rechts gewinnt,
zweiter Spieler gewinnt, erster Spieler gewinnt,

entsprechen, wenn bei Position p begonnen wird. Die Theorie steckt noch tief in ihren Kinderschuhen, und der Leser möchte vielleicht an einigen der noch nicht behandelten Themen knobeln: Was kann man über Logarithmen sagen? Über Stetigkeit? Über die multiplikativen Eigenschaften von Pseudozahlen? Über verallgemeinerte diophantische Gleichungen? etc.

Nachwort

Der ungarische Mathematiker Alfréd Rényi schrieb im Alter drei anregende "Dialogues on Mathematics", die vom Verlag Holden-Day in San Francisco im Jahr 1967 veröffentlicht wurden. Sein erster Dialog spielt im antiken Griechenland, ungefähr 440 v. Chr., mit Sokrates in der Hauptrolle, und gibt eine herrliche Beschreibung vom Wesen der Mathematik. Der zweite, der 212 v. Chr. stattgefunden haben soll, enthält die ebenso schönen Ausführungen des Archimedes über die Anwendungen der Mathematik. Rényis dritter Dialog beschäftigt sich mit Mathematik und den Naturwissenschaften, und wir hören den Galilei von 1600 zu uns sprechen.

Es war meine Absicht, „Insel der Zahlen" als einen mathematischen Dialog der siebziger Jahre zu gestalten und dabei die besondere Art des kreativen, mathematischen Denkens hervorzuheben. Natürlich habe ich dieses Buch hauptsächlich zur Unterhaltung geschrieben und ich hoffe, daß es dem Leser auch Freude bereitet — aber ich muß zugeben, daß ich auch eine ernsthafte Absicht damit verfolge. Ich wollte Material zur Verfügung stellen, welches helfen sollte, eines der am meisten vernachlässigten Gebiete unseres gegenwärtigen Erziehungssystems zu überwinden: das Üben selbständiger Forschungsarbeit. Es gibt für Studenten nämlich relativ wenig Möglichkeiten zu erfahren, wie Neues in der Mathematik erfunden wird, bevor sie selbst an der Diplomarbeit sitzen.

Ich erkannte, daß Kreativität nicht durch ein Lehrbuch vermittelt werden kann, daß aber ein „Antitext" wie dieser helfen könnte. Ich habe mich also bemüht, das genaue Gegenteil zu Landaus „Grundlagen der Mathematik" zu schreiben. Es war mein Ziel zu zeigen, wie man Mathematik aus dem

Lehrbetrieb heraus und ins Leben hinein tragen kann, und den Leser zu veranlassen, sich selbst im Erforschen abstrakter Ideen zu versuchen.

Der beste Weg, die Methode der mathematischen Forschung zu vermitteln, ist wahrscheinlich die eingehende Untersuchung eines Falles. Conways neue Betrachtungsweise von Zahlen erschien mir ein idealer Fall zu sein, um daran wichtige Aspekte mathematischer Forschung zu illustrieren, weil diese reichhaltige Theorie fast ganz in sich selbst geschlossen ist, dennoch aber enge Verbindungen sowohl zur Algebra als auch zur Analysis aufweist und noch weitgehend unerforscht ist.

Mein wichtigstes Ziel ist demnach nicht, Conways Theorie weiterzugeben, sondern zu lehren, wie man darangeht, so eine Theorie zu entwickeln. Deshalb habe ich nicht nur die guten Ideen der zwei Personen des Buches, sondern auch ihre Fehlschläge und Frustrationen auf dem Weg der schrittweisen Erforschung von Conways Zahlensystem berichtet. Ich wollte ein halbwegs getreues Bild der wichtigen Prinzipien, Methoden, Freuden, der Leidenschaftlichkeit und der Philosophie der Mathematik entwerfen. Deshalb schrieb ich die Geschichte nieder, während ich selber die Theorie entwarf (als Quelle diente mir nur die vage Erinnerung an eine mittägliche Unterhaltung mit John Conway vor fast einem Jahr).

Dieses Buch richtet sich in erster Linie an Studienanfänger. Innerhalb des traditionellen Mathematiklehrplans sehe ich als beste Verwendungsmöglichkeiten folgende: a) als zusätzliches Material für eine Vorlesung wie „Einführung in die abstrakte Mathematik" oder „Mathematische Logik"; b) als Grundlage eines Seminars für Studienanfänger, in dem die Fähigkeit zum selbständigen Arbeiten entwickelt werden soll.

Lehrbücher sind meist durch Übungsbeispiele bereichert; so habe auch ich, unter der Gefahr, die „Neuheit" in der Behandlung zu beeinträchtigen, ein paar Vorschläge für zusätzliche Problemstellungen gesammelt. In einem Seminar sollten diese Übungsbeispiele womöglich zu Beginn einer Sitzung zur spontanen Diskussion gestellt werden und nicht als Hausaufgaben dienen.

1. Nach Kapitel 3. Was ist „Abstraktion" und was ist „Generalisierung"?
2. Nach Kapitel 5. g sei eine Funktion, die Zahlen in Zahlen abbildet, so daß $x \leqslant y \; g(x) \leqslant g(y)$ impliziert. Wir definieren
$$f(x) = (f(X_L) \cup \{g(x)\}, f(X_R)).$$
Man beweise, daß $f(x) \leqslant f(x)$ dann und nur dann gilt, falls $x \leqslant y$. Für den Spezialfall $g(x)$ identisch 0 berechne man $f(x)$ für so viele Zahlen wie möglich. [Man beachte: nach Kapitel 12 ist diese Übung auch für „Pseudozahlen" sinnvoll.]
3. Nach Kapitel 5. Es seien z und y Zahlen, deren linke und rechte Teile „gleichartig", aber nicht identisch sind.
$$f_L: X_L \to Y_L, \qquad f_R: X_R \to Y_R,$$
$$g_L: Y_L \to X_L \quad \text{und} \quad g_R: Y_R \to X_R$$
seien formale Funktionen, so daß $f_L(x_L) \equiv x_L, f_R(x_R) \equiv x_R$, $g_L(y_L) \equiv y_L$ und $g_R(y_R) \equiv y_R$. Man beweise $x \equiv y$. [Alice und Bill erkannten die Bedeutung dieses Hilfssatzes, der auch für Pseudozahlen richtig ist, nicht und nahmen ihn für einige ihrer Betrachtungen als erwiesen an.]
4. Nach Kapitel 6. Ist es zulässig, bei der Entwicklung der Theorie der Conwayschen Zahlen von diesen wenigen Axiomen, in den Beweisen schon „bekannte" Eigenschaften der Zahlen zu verwenden? (Zum Beispiel die

Verwendung von Indizes wie $i-1$ und $j+1$ usw.). [Achtung: Dies kann zu einer Diskussion über Metamathematik führen, für die der Vortragende vorbereitet sein soll.]

5. Nach Kapitel 9. Man suche einen vollständigen, formalen Beweis für das allgemeine Muster nach n Tagen. [Dies ist eine lehrreiche Übung für das Entwerfen einer Notation. Es gibt viele Möglichkeiten, und der Student sollte sich bemühen, eine Schreibweise zu finden, die einen streng formalen Beweis dadurch am verständlichsten macht, daß sie dem intuitiven Beweis von Alice und Bill entspricht.]
6. Nach Kapitel 9. Gibt es eine einfache Formel für den Tag, an dem eine gegebene binäre Zahl erschaffen worden ist?
7. Nach Kapitel 10. Man beweise, daß $x \equiv y \to -x \equiv -y$ impliziert.
8. Nach Kapitel 12. Man gebe den Wert von $x \oplus y$ für so viele x und y wie möglich an.
9. Nach Kapitel 12. Man ändere die Regeln (1) und (2) ab, indem man $\geqslant$ an allen möglichen Stellen durch $<$ ersetze und füge folgende neue Regel hinzu:

$$x < y \quad \text{genau dann, falls} \quad x \leqslant y \quad \text{und} \quad y \not\leqslant x.$$

Nun entwickle man die Theorie der Conwayschen Zahlen mit diesen Definitionen von neuem. [Dies führt zu einer neuerlichen Betrachtung des Materials von Kapitel 1; die Schlüsse müssen an einigen Stellen geändert werden. Die Hauptschwierigkeit besteht darin, zu beweisen, daß für alle Zahlen $x \leqslant x$ gilt. Es gibt einen ziemlich kurzen Beweis, der nicht leicht zu finden ist, den ich hier aber nicht verraten möchte. Die Studenten sollten angeregt werden zu entdecken; daß die neue $<$ Beziehung für Pseudozahlen nicht mit der Conways identisch ist (obwohl dies natürlich für alle Zahlen gilt). In diesem neuen Fall gilt nicht immer $x \leqslant x$; und falls

$$x = (\{(\{0\}, \{0\})\}, \emptyset)$$

gilt in Conways System $x \equiv 0$, aber $x \equiv 1$ im neuen! Conways Definition hat angenehmere Eigenschaften, aber die neue Relation ist sehr lehrreich.]

10. Nach Kapitel 13. Man zeige, wie man das Im-Kreis-Gehen auf eine andere Art als Alice und Bill umgehen kann, indem man III(z, Z_L, y) und III(Z_R, z, x) von den Voraussetzungen, die man zum Beweis von II(x, y, z) braucht, entfernt. In anderen Worten, man beweise direkt, daß $z + y \leqslant z_L + y$ für kein z_L möglich ist.

11. Nach Kapitel 14. Man bestimme die ,,unmittelbare Umgebung" einer jeden reellen Zahl von den ersten paar Tagen nach dem Tag $\aleph$.

12. Nach Kapitel 15. Man konstruiere die größten, unendlichen Zahlen, die man sich vorstellen kann, und ebenso die kleinsten, positiven Infinitesimalzahlen.

13. Nach Kapitel 15. Genügt es, X_L und X_R auf abzählbare Mengen zu beschränken? [Dies ist schwierig, aber es könnte zu einer interessanten Diskussion führen. Der Vortragende kann sich selbst vorbereiten, indem er eine Ordnungszahl auseinandernimmt.]

14. Praktisch überall möglich. Welches sind die Eigenschaften folgender Verknüpfung

$$x \circ y = (X_L \cap Y_L, X_R \cup Y_R)?$$

[Die Studenten sollten entdecken, daß dies *nicht* min(x, y) ist! Auch viele andere Verknüpfungen sind interessant, z.B.

$$x \circ y = (X_L \circ Y_L, X_R \cup Y_R) \quad \text{oder}$$
$$x \circ y = (X_L \circ y \cup x \circ Y_L, X_R \cup Y_R) \quad \text{usw.]}$$

15. Nach Kapitel 16. X sei die Menge *aller* Zahlen; man zeige, daß $(X, \emptyset)$ zu *keiner* Zahl äquivalent ist. [In der Mengenlehre gibt es, falls man nicht genau aufpaßt, Paradoxa. Genau genommen ist die Klasse aller Zahlen keine Menge. Man vergleiche mit den Paradoxa der „Menge aller Mengen".]

16. Nach Kapitel 16. Wir nennen x eine *verallgemeinerte ganze Zahl*, falls

$$x \equiv (\{x - 1\}, \{x + 1\}) \quad \text{gilt.}$$

Man zeige, daß verallgemeinerte ganze Zahlen unter der Addition, Subtraktion und Multiplikation abgeschlossen sind. Sie umfassen alle üblichen ganzen Zahlen und auch alle Zahlen der Form $\omega \pm n$, $\frac{1}{2}\omega$ usw. [Dieses Beispiel verdanke ich Simon Norton.]

17. Nach Kapitel 16. Wir nennen x eine *reelle Zahl*, falls $-n < x < n$ für eine (nicht verallgemeinerte) ganze Zahl n ist und falls gilt

$$x \equiv (\{x - 1, x - \tfrac{1}{2}, x - \tfrac{1}{4}, \ldots\}, \{x + 1, x + \tfrac{1}{2}, x + \tfrac{1}{4}, \ldots\}).$$

Man beweise, daß die reellen Zahlen unter der Addition, Subtraktion und Multiplikation abgeschlossen sind, und daß sie zu den in traditioneller Art und Weise definierten reellen Zahlen isomorph sind. [Dieses und die folgenden Beispiele sind von John Conway vorgeschlagen worden.]

18. Nach Kapitel 16. Man ändere Regel (1) so, daß (X_L, X_R) nur dann eine Zahl ist, falls $X_L \not\geq X_R$ ist und falls folgende Bedingung erfüllt ist:

X_L hat ein größtes Element oder ist null genau dann, falls X_R ein kleinstes Element besitzt oder null ist.

Man zeige, daß unter diesen Umständen genau die reellen Zahlen (nicht mehr, nicht weniger) erschaffen werden.

19. Nach Kapitel 16. Man suche eine Pseudozahl p, so daß $p + p \equiv (\{0\}, \{0\})$ ist. [Dies ist überraschenderweise schwierig und führt zu interessanten Nebenproblemen.]

20. Nach Kapitel 15 oder 16. Die Pseudozahl $(\{0\}, \{(\{0\}, \{0\})\})$ ist > 0 und $< x$ für alle positiven Zahlen x. Sie ist *wirklich* infinitesimal! Aber $(\{0\}, \{(\{0\}, \{-1\})\})$ ist noch kleiner. Und jede Pseudozahl $p > 0$ ist $> (\{0\}, \{(\{0\}, \{-x\})\})$ für eine geeignet große Zahl x.

21. Nach Kapitel 16. Für jede Zahl x definieren wir
$$\omega^x = (\{0\} \cup \{n\omega^{x_L} \mid x_L \in X_L, n = 1, 2, 3, \ldots\},$$
$$\{\frac{1}{2^n} \omega^{x_R} \mid x_R \in X_R, n = 1, 2, 3, \ldots\}).$$
Man beweise, daß $\omega^x \omega^y = \omega^{x+y}$ ist.

22. Nach Kapitel 16. Man erforsche die Eigenschaften der symmetrischen Pseudozahlen S, für die

$(P_L, P_R) \in S$ genau dann gilt, falls $P_L = P_R \subseteq S$.

In anderen Worten, die Elemente von S haben identische rechte und linke Mengen, und die Elemente deren linker und rechter Teile ebenfalls. Man zeige, daß S unter der Addition, Subtraktion und Multiplikation abgeschlossen ist. Man zeige weitere Eigenschaften von S auf (z.B. wie viele ungleichartige Elemente von S werden an jedem Tag erschaffen, und wie verhalten sie sich gegenüber den Verknüpfungen?). [Dieses Problem mit offenem Ausgang ist vielleicht das beste von allen, weil hier noch eine sehr reichhaltige Theorie verborgen liegt.]

Ich werde jedem Lehrer, der mir an die Universität Stanford schreibt, auf Verlangen Hinweise zu den Lösungen der Beispiele 9, 19 und 22 senden.

Nun möchte ich dieses Nachwort mit einigen Vorschlägen schließen, die speziell an Lehrer gerichtet sind, die dieses

Buch als Grundlage für eine Lehrveranstaltung wählen. (Alle anderen sollten zu lesen aufhören und das Buch sofort schließen).

Lieber Dozent: in dieser Geschichte sind viele Diskussionsthemen für Ihre Lehrveranstaltungen enthalten. Die ersten paar Kapitel werden nicht sehr viel Zeit in Anspruch nehmen, aber bald werden Sie weniger als ein Kapitel pro Stunde behandeln können. Es wäre gut, wenn jeder das Buch zuerst schnell überfliegen würde, weil die Entwicklungen am Ende den Anfang erst richtig interessant machen. Es ist sehr wichtig, die Studenten ständig anzuhalten, die wichtigen, allgemeinen Prinzipien heraus zu „destillieren", den *modus operandi* der Personen. Warum gehen sie an ein Problem so heran, wie sie es tun, und was ist daran gut oder schlecht? Wie unterscheidet sich Alices „Weisheit" von der Bills? (Ihre Persönlichkeiten sind eindeutig verschiedener Natur.) Eine andere, grundlegende Regel für die Studenten ist, daß sie die mathematischen Einzelheiten, auf die oft nur kurz hingewiesen wird, überprüfen sollen. Nur so können sie wirklich erfassen, was in dem Buch geschieht. Am besten sollten sie sich zuerst selbst mit einem Problem beschäftigen, bevor sie weiterlesen. Wenn eine Auslassung auftritt, i.e., „..." bedeutet dies oft, daß die Person dachte (oder schrieb), und der Leser sollte dies ebenfalls tun.

Werden Beispiele obiger Art innerhalb der Lehrveranstaltung zur Diskussion gestellt, habe ich es für gut befunden, die Anzahl der möglichen Wortmeldungen pro Person zu begrenzen. Das hält die Schwätzer davon ab, sich in den Mittelpunkt zu rücken und das Gespräch zu ruinieren; auch kommt jeder dazu, sich zu beteiligen.

Eine andere Empfehlung wäre, die Lehrveranstaltung mit der Zuweisung einer in drei bis vier Wochen fälligen schriftlichen Abschlußarbeit zu schließen, die sich mit einem Thema beschäftigt, das im Buch nicht explizit behandelt wurde. Die Beispiele mit ungewissem Ausgang in der obigen Liste wären etwa möglich. Es sollte den Studenten gesagt werden, daß sowohl der Stil der sprachlichen Erklärungen als auch der mathematische Inhalt beurteilt wird, sagen wir 50 : 50. Es muß ihnen auch erklärt werden, daß eine Abschlußarbeit in Mathematik *nicht* wie eine übliche Hausaufgabe aussehen soll. Letztere ist im allgemeinen eine Ansammlung von Tatsachen, ohne Begründungen etc., und der Korrektor soll diese als Beweise anerkennen. Ersteres ist ein zusammenhängender Text, wie ein Mathematikbuch. Ein anderer Weg, den Studenten Erfahrung im Schreiben zu vermitteln, ist es, sie abwechselnd Zusammenfassungen dessen, was während einer Stunde vor sich geht, schreiben zu lassen; dadurch haben die anderen Studenten gleichzeitig eine Mitschrift der Diskussion, ohne selber Notizen zu machen und dadurch abgelenkt zu werden. Meiner Meinung nach sind die zwei Schwächen der heutigen mathematischen Ausbildung der Mangel an Übung der kreativen Denkfähigkeit und das Fehlen der Praxis im fachgerechten Schreiben. Ich hoffe, daß dieses kleine Buch mit dazu beitragen wird, diese beiden Mängel zu beheben.

Stanford, Kalifornien   D. E. K.
Mai 1974